メダカはどのように危機を乗りこえるか

田んぼに魚を登らせる

端 憲二◎著

農文協

まえがき

私たち日本人は、ずっと昔から田んぼに生命を支えられてきた。いや、人間だけではない。田んぼは、魚、カエル、トンボなど、実にさまざまな生命を育んできた。

本書は、そんな生命の循環の要である田んぼに支えられてきた魚たちの物語だ。

もしも、田んぼが水路や川と大した落差なくつながっていれば、田んぼには、いろんな魚たちが訪れる。コイ、フナ、ナマズ、ドジョウ、メダカ、モロコ、アユ……。

魚たちが田んぼを訪れるのは、産卵のためであり、あるいはそこで暮らすためだ。また、アユのように、ひょっこりとただ遊びにくる者もいるに違いない。

しかし、残念ながら、いまの田んぼは魚が自由に登れるようにはつくられていない。魚のためを考えて、田んぼや水路をつくってきたわけではないので、いわば当然だ。いまの田んぼは、米あまりの時代にあって田んぼを畑としても利用でき、また、イネ刈り機が支障なく操作できるよう、乾田化の方向に技術が進められてきた。田んぼを乾かすには、排水を良くする必要がある。そのためには、排水を流す排水路を田んぼよりかなり低くしなければならず、田んぼと水路の間には、大きな落差ができてしまった。

このほかにも、魚たちにとってはいろいろと暮らしにくいことが増えてきている。

とくに、小さな魚であるメダカには、いまは受難の時代だ。魚は、陸地を跳ねるカエルや空を飛ぶトンボに比べて、移動の自由さという点で明らかに不利だ。そのように不自由な移動を強いられる魚の中でも、もっとも小柄なメダカは、さぞかし辛い日々を送っているに違いない……。そして、メダカは、一九九九年、とうとう絶滅危惧種に指定されてしまったのだ。

しかし、メダカは本当にそんなに弱い生き物だろうか？　水槽の中で、すいすい泳ぐメダカの群れを眺めていると、小柄ゆえのたくましさを感じてしまうのは、私だけだろうか？　一尾のメダカのひ弱さと裏腹に、種としての生き残り戦略にたけたしたたかさを感じるのだ。逆に、水槽の片隅にじっとしている大柄なナマズは、メダカなどもちろんひと呑みの強さがあるにもかかわらず、何だか「もう、だめだ……」とため息をついているようにも思えてくるのだ。田んぼと関わりの深いメダカやほかの魚たちの、そんな弱さや強さ、そして必死に生きる姿を伝えたい。

本書では、ほぼ徹底してメダカの目線、魚の目線から、田んぼや水路などの環境を眺める。私たち人間は、誕生にふさわしい場所が必要だし、生まれた直後の母乳から、離乳食、そして大人と変わらない食事へと、食べるものも変化する。住み場所も一生同じとは限らない。メダカやほかの魚も、生まれてから死ぬまでの一生で、私たち人間と同じように、それぞれにふさわしい産卵場所、食べ物、住み場所が必要だ。

本書の最終目標は、そんな魚たちの身になって、どんな田んぼや水路が望ましいかを探り出すことだ。その場合、米を作る農家の身になって考えることも不可欠の条件だ。これには、現在の水田かんがいシステムが決定的に大きく関わっている。川から水を取り入れ、田んぼにかんがいし、田んぼからの排水を再び川に戻す……。このシステムを、農家の利便性を損なわずに、メダカやほかの魚たちの主体的生活を保障する環境に、どのように改善できるかについて考えたい。

二〇〇五年一月　　著者

メダカはどのように危機を乗りこえるか——目次

見出し上に（CDマーク）のついているものは関連する映像が付録の動画CDにおさめられています。併せてご覧ください。

一章 田んぼに登る魚たち

二章 田んぼの魚と水辺のネットワーク

三章　田んぼはメダカのマイホーム

四章　メダカの体力テスト

五章 田んぼから脱出するメダカ

六章 田んぼに「魚道」をつける

七章　田んぼの魚をどうやって守るか？

【囲み記事】

イラスト　トミタ・イチロー
R・Yu

一章

田んぼに登る魚たち

写真1－1　陸にあがってのたうつコイ。水路を照らす蛍光灯がずれていた

写真1－2　霞ヶ浦の試験地の田んぼに設置した「魚道」
越流部（水の流れている部分）の幅は30㎝取っていたのだが…。手前が田んぼで奥の用水路から魚たちは登ってきた

真夜中の訪問者

真夜中、午前二時頃だった。田んぼの脇でじっとしゃがみ込んで浅い水面のわずかな動きを見つめていた私の耳に、突然カツンという金属音ともいえない乾いた音が飛び込んできた。何が起きたのかびっくりして音のしたほうを振り向くと、なんと五〇cmほどもあるコイが陸地に飛び出してバタバタしている。どうやら田んぼに付けた「魚道」の水中カメラの蛍光灯にぶつかったようだ。蛍光灯はその衝撃で位置がずれ、コイは口元から血を出していた（写真1—1、1—2）。「あー、やっぱり霞ヶ浦のコイにちょっと小さかったか」。思わずため息が出た。

この「魚道」をつくったとき田んぼの持ち主の田崎さんは、開口一番、「これじゃ、コイは登れんめぇ。霞ヶ浦のコイはいかい（大きい）よぉ」と教えてくれた。私は最初四〇cmくらいのコイを想定して、魚道幅を六〇cmに、魚が通過する越流部を二〇cmで設計していた。ところが、釣人が竿をしならせ引き上げる中には、両腕でひと抱えもあるような大物がいたり、霞ヶ浦のコイはまるでブリのように大きい。そこで田崎さんの忠告どおり、越流部の幅を三〇cmまで広げていたのだが、それでもまだ十分ではなかったみたいだ。

とはいえ、私は満足していた。勢い余って「魚道」の外に飛び出はしたが、コイが魚道を登って田んぼに入ろうとしたことまでは確認できたのだ。これ以上の大ゴイが入っても、水深が浅い田んぼでは十分な泳ぎもできないし、不自然な気がする。これはこれで仕方がないと納得することにした……。

写真1－3 「魚道」を登るフナのジャンプシーン（ビデオ撮影）

私が田んぼに「魚道」をつけて魚を登らせる実験を始めたのは一九九七年のこと。それまで数年間、田んぼに登る魚の観察を続けてきた。観察をしながら思ったのが、もっと自由に魚たちを行き来させてやりたいということだった。

田んぼに登る魚というと、不思議な顔をする人がいる。田んぼと魚が、すっと結びつかないらしいのだ。しかし、私たちになじみ深いコイやフナやドジョウ、メダカといった魚は、ずっと昔から田んぼを大切な生活の場所や産卵場所にしてきた。そのために田んぼと水路、河川との間を自由に行き来してきたのが、これらの魚たちだ。それが今、農業や生活環境の大きな変化の中でかなわなくなっている。童謡に唄われたメダカはとうとう絶滅の危機に瀕してしまった。

今の時代のコメつくりの条件、田んぼの条件は尊重しながら、それでも昔のようにもう一度魚たちの往来も復活させたい。魚が登れる通路、「魚道」を田んぼに付けようという発想はごく自然に生まれた。冒頭のシーンはその最初に取り組んだ霞ヶ浦畔での実験の一コマだ（写真1―3）。

しかし少し話を戻して、私が田んぼの魚たちとまともに付き合うようになった経験から紹介しよう。

田んぼに登るフナ、コイ、ナマズ

それは、「魚道」実験から四年ほど前の一九九三年六月、岡山県で国の天然記念物になっているアユモドキの保護に取り組む湯浅卓雄さん（岡山淡水魚研究会）に活動の現場を見

写真1－4　岡山県の調査地付近の様子
虫喰い的に住宅が建ち、田んぼが少なくなってきている

せてもらったのがきっかけだった。

アユモドキは、姿はアユに似ているが、れっきとしたドジョウの仲間で、六月頃になると田んぼに登って産卵する習性をもっている。現場周辺の水田地帯は都市化が進み、あちこちの田んぼが虫くい状に開発されてミニ団地が点在している（写真1―4）。湯浅さんによるとこのままだとアユモドキは絶滅する恐れがあり、早急に対策を講じる必要があるとのことだった。

湯浅さんが保護活動を続ける試験地は、岡山市を流れる旭川から取り入れるかんがい水が、田んぼの間を縫うように流れる一角にあり、雑草が生い繁る湿地のようになっている。このあたりは、かんがい水路の水位が田んぼより少し高くなっていて、水の出入り口の高さを微妙に調節すれば水路の上流側の入口から取水して、下流側の出口から排水できる。アユモドキはこの出口のほうから試験地に入ってくる。湯浅さんによると上流側から流れ込んだ水が試験地を通る間に温まり、排水されるときは水路の水より高くなっている。アユモドキはこの水温の差を感知して入ってくるのだという。

しかし、申し訳ないが私が湯浅さんに会って興味をもったのは、アユモドキのような希少種ではなく、ごくありふれたコイやナマズやフナたちのほうだった。湯浅さんが「近くに魚が登る田んぼがあるので、ちょっと見に行きましょう」と誘ってくれたのが、そもそもの始まりだ。

行くとそこには、……いるいる！　コンクリートの小さな水路を上流に向かって泳ぐ魚が、まさに群れをなして泳いでいたのだ。

コイは、浅い流れに背中を水面上にさらしながら何かにつき動かされるごとく（写真1

写真1－5　コンクリートの排水路に水しぶきがあがる（上）。覗いてみると40㎝ほどのコイが背中を半分以上見せて、流れを登ってきていた（左上）

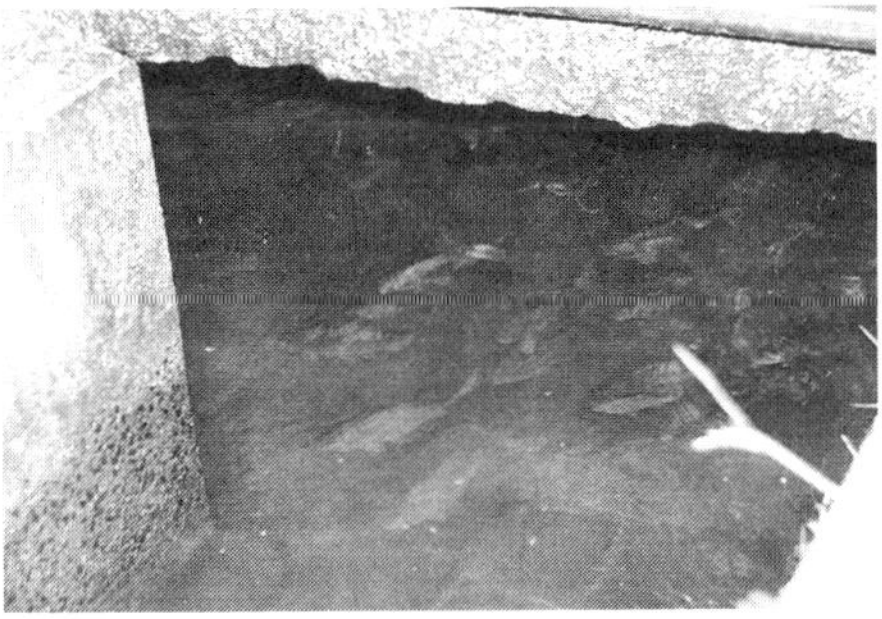

写真1－6　群れをなして排水路を登るフナ

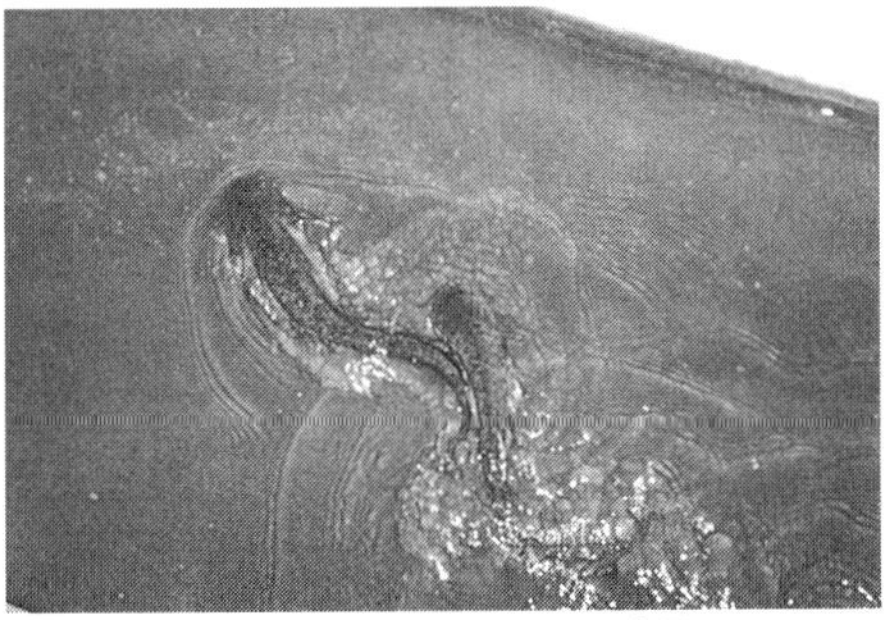

写真1－7　早くも体の大きなメスを追尾してかかるナマズのオス

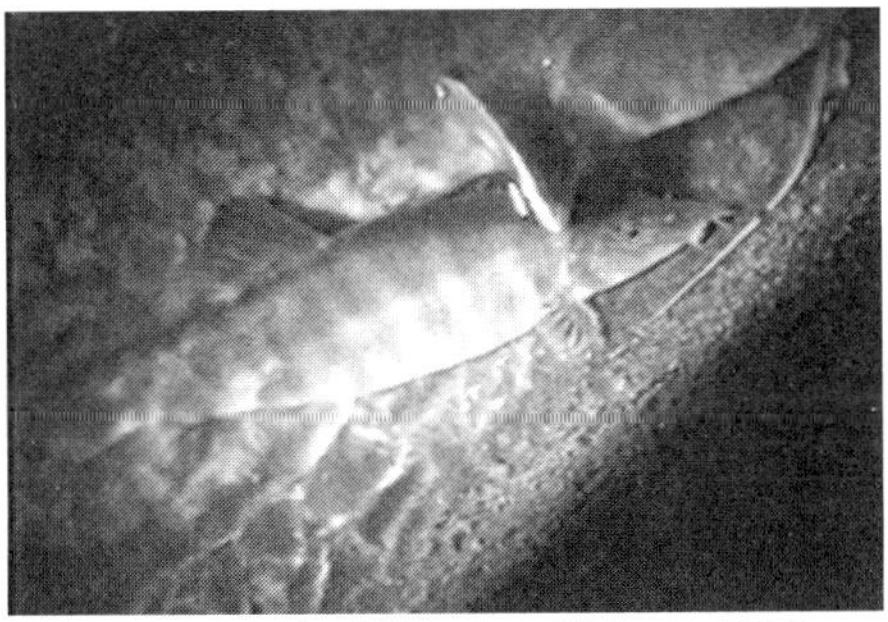

写真1－8　ナマズの背後について休むアユモドキ

—5）、フナは数十尾の群れをなして遡ってくる（写真1—6）。夕暮れ時分にはナマズの大群が遡ってきた。そして早くもコンクリートのぺらぺらした浅い流れの中で、オスが体の大きなメスにまとわりつこうと追尾している（写真1—7）。

よく見るとアユモドキがナマズの背後について速い流れを避け休んでいたり（写真1—8）、体長が五㎝にも満たない小さなスジシマドジョウが水路のコンクリート壁の微妙な凹凸に体をひっかけながら、必死に前進しようとしているのだ。「おぉ、おもしろい！」。なんてドラマチックなんだろう。命がけともいえる魚たちの前進のドラマを固唾をのんで見守った。

それにしても、なぜ魚たちは田んぼに登るのか？

魚はなぜ田んぼに登る？

コイやフナ、ナマズ、ドジョウ、それにあとで登場するメダカなどの魚たちが田んぼに登るのは、そこが彼らにとって大切な産卵の場であり、生活の場でもあるからだ。もちろん、魚たちに〈田んぼ〉に行くという認識はないだろう。彼らにはそこは〈田んぼ〉ではなく、川から遡った先の浅い湿地に過ぎない。

でもなぜ田んぼなのか。田んぼが日本で拓かれてたかだか四〇〇〇年。魚たちは当然それよりはるか昔からいた。

川は太古の昔から大雨が降るたびに氾濫をくり返した。川の下流域を生息場所とするコイやフナ、ナマズたちは、こうした氾濫によって一時的に生じる水域をおもな産卵の場としてきた。その遺伝習性に基づき、魚たちは川や水路を遡り、いつからかその先に〈田んぼ〉も加わるようになった。行き止まりの浅い水域を目指すのは、田んぼも、一時的な水域も同じだ。

それでは、なぜそんな不安定な水域を産卵場所としたのだろう。たぶん、そこが安定した仔魚の〈成育場所〉になったのが、一番大きな理由だろう。

つまり、一時的な水域であるためあまり大きな魚が入り込めず、卵や仔稚魚が捕食される心配が少なかった。そのうえ、流れがなく水深も浅いため水温が高い。仔魚の成育環境としてすぐれていた。そのことが、ここを産卵場所に選ばせた理由だろう。川と切り離された氾濫原は水がひけば陸地に戻る。危険といえば危険だが、それ以上に大きなメリットがあったに違いない。

堤防を高く築いて洪水の発生を防ぐようになった今日、浅い湿地として残された環境は田んぼ以外にない。肥沃で餌が豊富な〈田んぼ〉は、今や彼らにとって貴重な産卵場所なのだ。

夜明けの集団交尾――産卵後あっさり立ち去るコイ

岡山県の調査地は私に毎年楽しくて貴重な観察の機会を与えてくれた。

そうしたある年のこと。早朝の五時に起床して、毎回お世話になっている温泉旅館を出て現場に着くと、水路の水がひどく濁っているのに気づいた。農家の人も早くから大変だなぁと思いつつ観察田に近づいて、驚いた。一〇尾ほどのコイが一塊りになってバシャバシャと水しぶきを上げていたのだ。水が濁っていたのはこのためで、私はあわててビデオカメラをまわし始めた。

すでにあたりは明るく、朝の陽差しに包まれている。激しく産卵行動を繰り返すコイたちは間近にカメラをもつ私の存在など、まったく無視している。

オスがメスの横腹を突ついて覆い被さる。そうやって数尾が一塊りになり、狭い田んぼをあちこち移動して産卵をくり返す……。それが小一時間も続いただろうか。やがてコイたちは田んぼの排水口に近寄り、激しかった愛の営みの余韻を楽しむかのように、ゆらゆら尾ビレを振りながら流れに身を任かせていた。と、そのうちスルッと一尾が排水路に出たと思うと、下流へ頭を向けて去って行ったのだ。

写真1－9　濃艶なナマズの「からみ愛」

「ちゃんと田んぼから帰っていくんだな」。私にはコイがはっきりとした意志をもって帰っていった、というふうに見えた。一尾また一尾と同じように元の水路へ、ふだんの棲みかの川へと戻るであろうコイの姿を目で追いながら、思いもしなかったコイの激しい生きざまを垣間見た気がした。

真夜中の饗宴――ナマズの「からみ愛」

ナマズの産卵はコイのように激しくもあるが、それ以上に艶（なま）めかしいものだ。ナマズの産卵はふつう夜に行なわれる。照明がないとよくわからないが、現地の田んぼは民家の軒に接していて幅も狭いので、多少は明かりが届く。最近のビデオカメラは暗がりでも撮影可能なナイトショット機能がついているので、運よく足元近くで産卵してくれれば、鮮明な記録が残せる。

夜の九時すぎ、小雨の中を観察地に着くと数十尾のナマズが暗がりの田んぼにうごめいていた。まだ始まっていないようだ。すでに何度か見たことのある私は、ビデオカメラを若い同行者に手渡し、「できるかぎり間近で撮影するように」と指示をした。

追いかけっこばかりでなかなか始めないが、しばらくすると、それらしい雰囲気が出始めた。そしてナマズもコイと同様いざ始めると、人の気配をあまり気にしない。しかしナマズはコイに比べてオスとメスの関係がデリケートで、メスはそうすんなりオスを受け入れようとしない。メスがイヤイヤする傾向が強い。これは、たぶんナマズがオスメス一対で産卵するからだろう。そのぶん、ナマズの営みは濃密だ。体の小さいオスが大きいメスをしばらく追尾し、メスが根負け？　したところで首根っこのあたりに巻き付き、体をしめつけて産卵を促すのだ。この間約一〇秒。艶めかしくも静寂な、何ともいえないときが流れる（写真1―9）。

メスの体に巻き付くオスは一尾に限られるようだ。オス同士の競争になることが多いが、二尾が同時にメスに巻き付いたのはまだ見たことがない。そのかわり産卵真っ最中のペアの横でちゃっかり射精するオスもいるのではないか。また、オスがメスにしっかり巻き付く前に嫌がって逃げられてしまうケースも少なくない。

それにしてもメスはどんな相手を選んでいるのか。単にしつこいオスに根負けするだけなのか。ナマズ研究の大家で、ナマズに負けないくらいにネバネバしている（?!）と自称する前畑政善さん（滋賀県琵琶湖博物館）に訊いてみたが、よくわからないらしい。こればかりはナマズご本人に訊くほかないようだ。

白昼の盆踊り――フナの文化的?! 産卵行動

朝の一〇時を少し過ぎた頃だった。明るい陽差しのもと、田んぼの畦に座っていると、一〇尾近くのフナの一群が田んぼの中に入ってくるのが目に飛び込んできた。

私が観察してきた魚の中でフナはとても警戒心が強い。コイが背中を半分も見せながら登るあの排水路を、フナも同じように群れをなして泳いでくるが、よく見ようと近づくといつもすばやく逃げられてしまう。そのフナが、いま田んぼの中にいる。水深が浅いので三mと離れていない彼らの様子がはっきりわかる。気づかれないよう私は姿勢を低く構え、

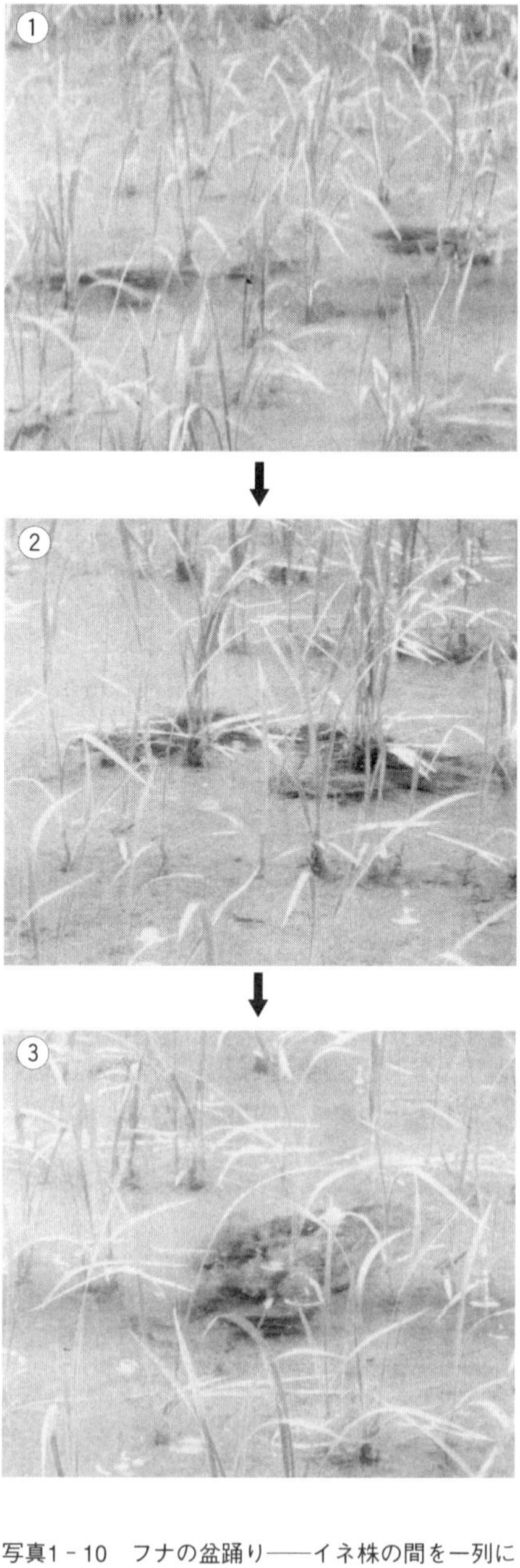

写真1－10　フナの盆踊り――イネ株の間を一列に泳いでいたのだが（①）、突然輪のようになって踊りだし（②）、次の瞬間輪の中心に向かって殺到し産卵した（③）

息を凝らせてシャッターチャンスを待った。

しばらくフナはイナ株の間を一列になって泳いでいたが、突然、輪になって踊り、いや泳ぎ始めた。あれっと思った瞬間、輪の中心に向かって殺到し、バシャバシャと産卵をやってのけた。

コイやナマズと違って体が小さく警戒心も強いフナの産卵は、これまで自然の中でつぶさに観察されたことがない。またフナが棲むところは河川の下流域のため水も概して濁っており、熱帯の珊瑚礁の透き通った海の中で観察するのと同じようにはいかない。自然条件下での「やらせでない産卵行動の観察」は、田んぼ以外ではまず難しい。それが観られたのだ。あとでカメラのフィルムを現像すると、三枚の証拠写真がおぼろにだが撮れてい

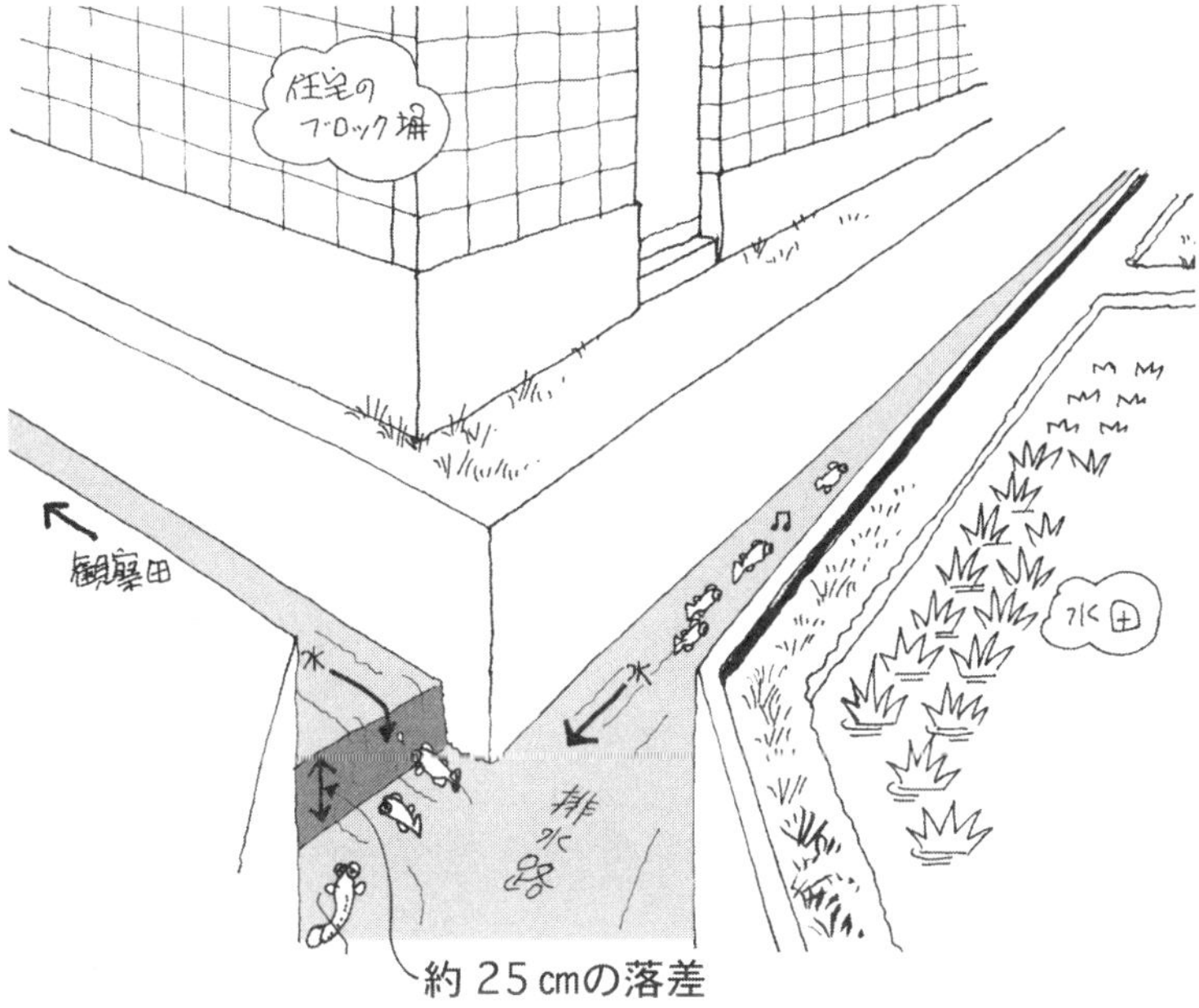

図1－1　左へ向かう魚には25cmほどの落差が待ちかまえている

た（写真1―10）。

私は盆踊りを踊っているかのような、この文化的（?!）産卵行動を「フナの盆踊り」と命名し、得意になって周囲の仲間に吹聴するのだが、まだだれも信じてくれない。私以外にもこの盆踊りを見たという人が現われてほしい。

二五cmの「大きな」落差

魚の調査に出かけている田んぼは、乾田直播といって乾いたところに直接種モミを播き、イネが二〇～二〇cmに育った六月下旬頃にようやく水を入れる。この水入れに合わせてコイやフナ、ナマズ、ドジョウなどの魚たちが大挙押し寄せてくる。この様子をドラマチックに観察できるのは、わずか三～四日。そのタイミングを逃さず出かけなければならない。

私がおもに観察しているのは、団地がミニ開発されて一〇戸ほどの住宅が軒を接している奥行き五mほどの小さな田んぼだ。観察にはとても都合がよい。しかし魚たちがここまでたどり着く直前にちょっとした障害が待ち受けている。二五cmほどの小さな落差だ（図1―1）。

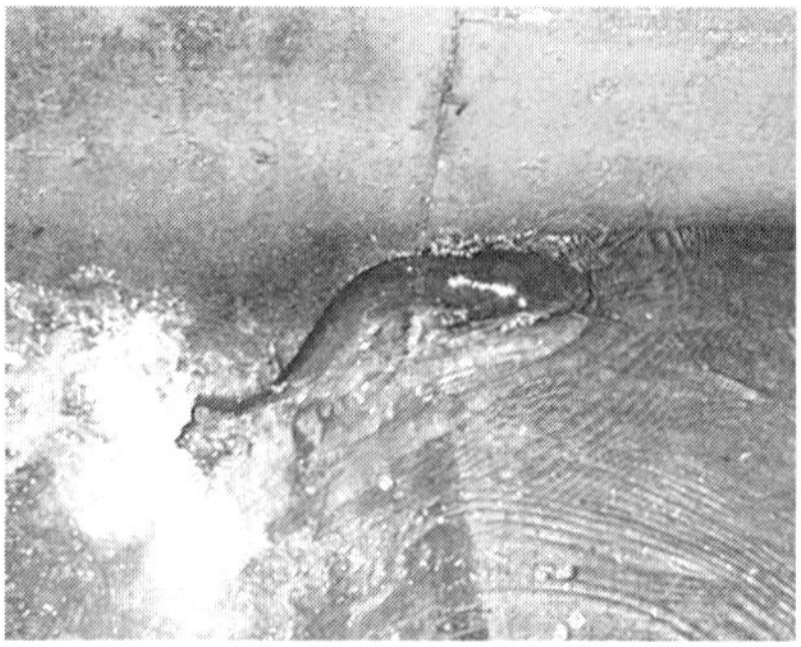
写真1－11　25㎝ぐらいの落差は軽く越えるナマズ

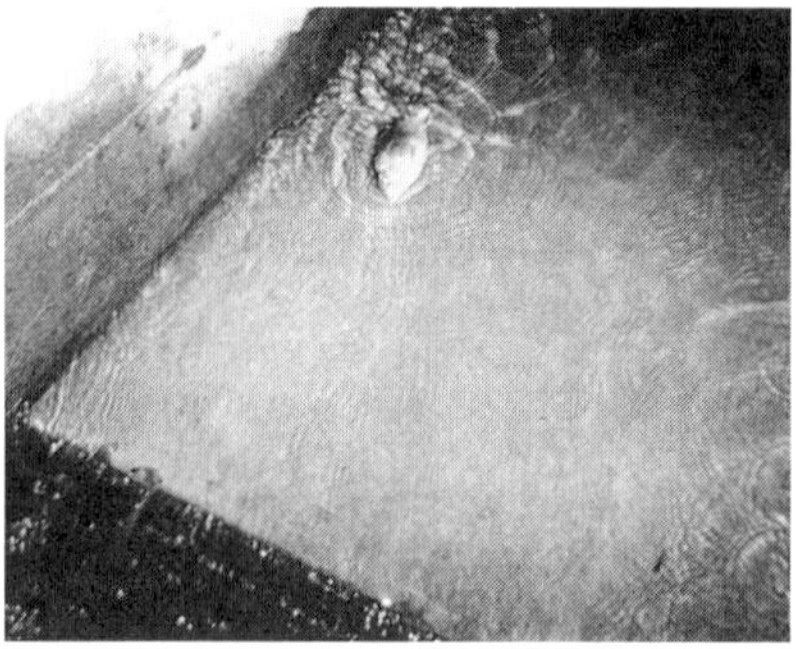
写真1－12　水深が浅く、横倒しになるフナ

魚たちがどうするか見てると、ナマズはいとも簡単にここを越えていく（写真1—11）。柔らかい体を使って、ジャンプするというよりヒョ～イと跨ぐようにクリアする。

フナはジャンプが上手だ。二五cm程度の落差は楽にクリアする。ただそのあとがいけない。上流側の水深が浅すぎるため体高の大きいフナは横倒しになって泳ぎ出せず、また下へ流されてしまうのだ（写真1—12）。もっとも下手なのはコイだった。「鯉の滝登り」などというが、それも条件次第だ。この水路では落差の下流側の水深が浅すぎてジャンプの体勢が十分にとれず、うまく跳び越えられないのだった。

体の小さなドジョウやメダカにも、この落差は無理だろう。小さな落差だが、魚によっては大きな障害になる。

私は定宿にしている旅館の人に手伝ってもらい、レンガとコンクリートブロックで水深を工夫してみた。フナが上流側で横倒しにならず、コイが下流側で体勢を整えられるようにいろいろ試してみたのだ。

ここの調査地のように、魚が容易に田んぼに登れるところはほとんどない。しかし工夫次第で、魚たちの自然の営みを取り戻してやれると思った。私は、小さな水路での実験ともいえないささやかな工夫を試みながら、魚がもっと自由に田んぼに登れる「道づくり」を思うようになった。

二章

田んぼの魚と水辺のネットワーク

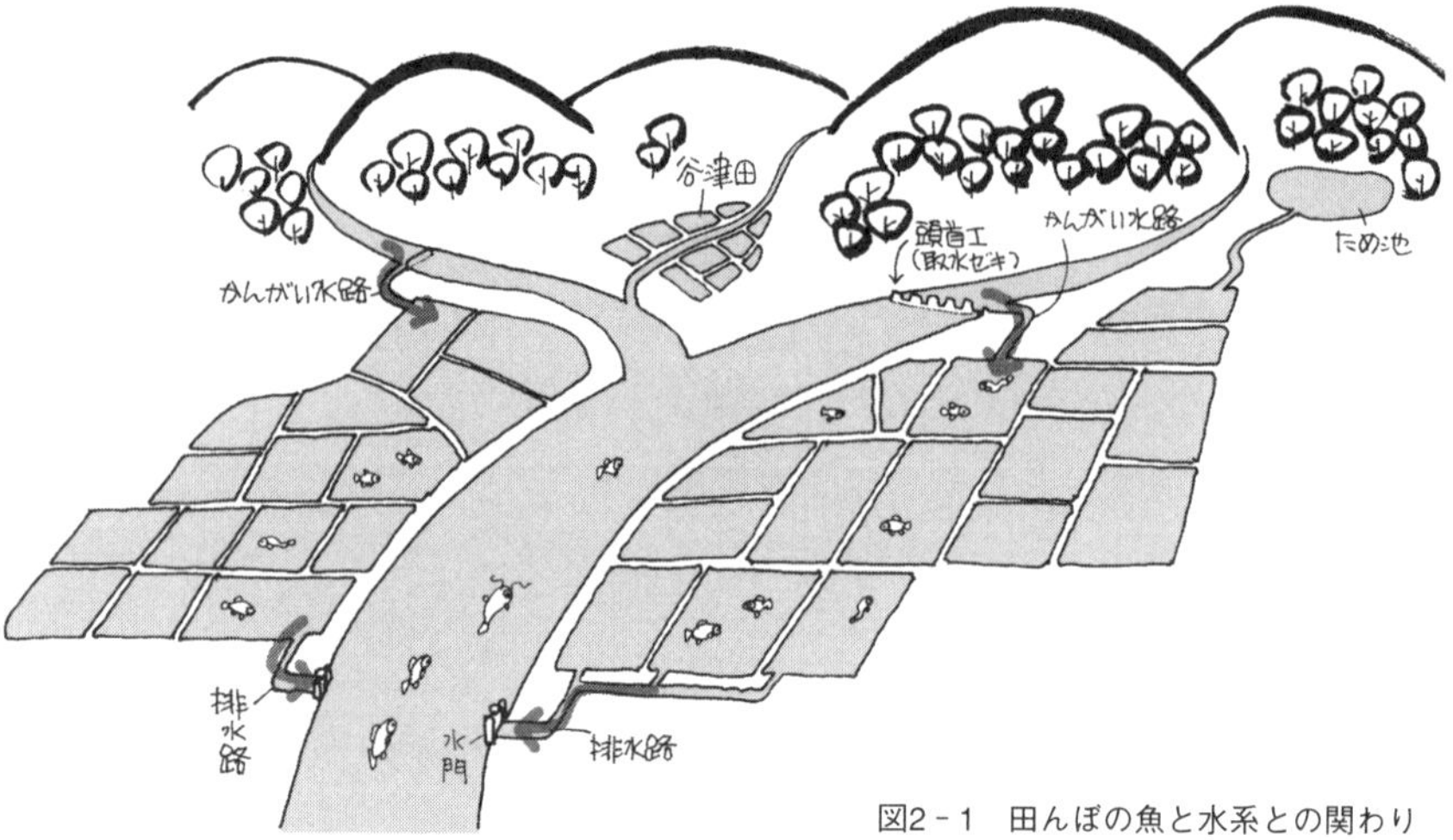

図2－1　田んぼの魚と水系との関わり

移動する魚から見た田んぼと水路

海から河川の源流域まで環境条件は多様に変化する。魚は進化の過程でこの多様な環境に適応し、それぞれ独自の生息域を確保し拡大してきた。淡水魚の場合、大きくは河川の上流、中流、下流などに棲み分けているが、田んぼを産卵場所とする魚はおもに下流域に生息してきた（図2―1）。

そうした魚たちの移動という視点から、農業水路・水田を位置づけてみると図2―2のようになる。この図を簡単に説明しよう。

■田んぼ・河川回遊型　…コイ、フナとナマズなど

コイやフナ、ナマズは、河川下流域に生息する私たちになじみの深い魚だ。コイやフナは、「乗っ込み」といって関東地方でいえば四～五月頃に河川を遡上して農業水路に入り込み、ヨシの茎などに産卵をする。田んぼに登れたら田んぼの中でも産卵する。

なかでもナマズは田んぼを好む。というより、田んぼをとても必要としている。コイやフナの卵と違い、ナマズの卵の粘着力はほとんどない。コイやフナの卵は草にくっつけば少々流れがあっても平気だが、ナマズの卵は流れが速いといっぺんに流される。ナマズにとって産卵場所として田んぼはぜひ必要だし、あのからみつくような産卵行動も水深の浅い田んぼだ

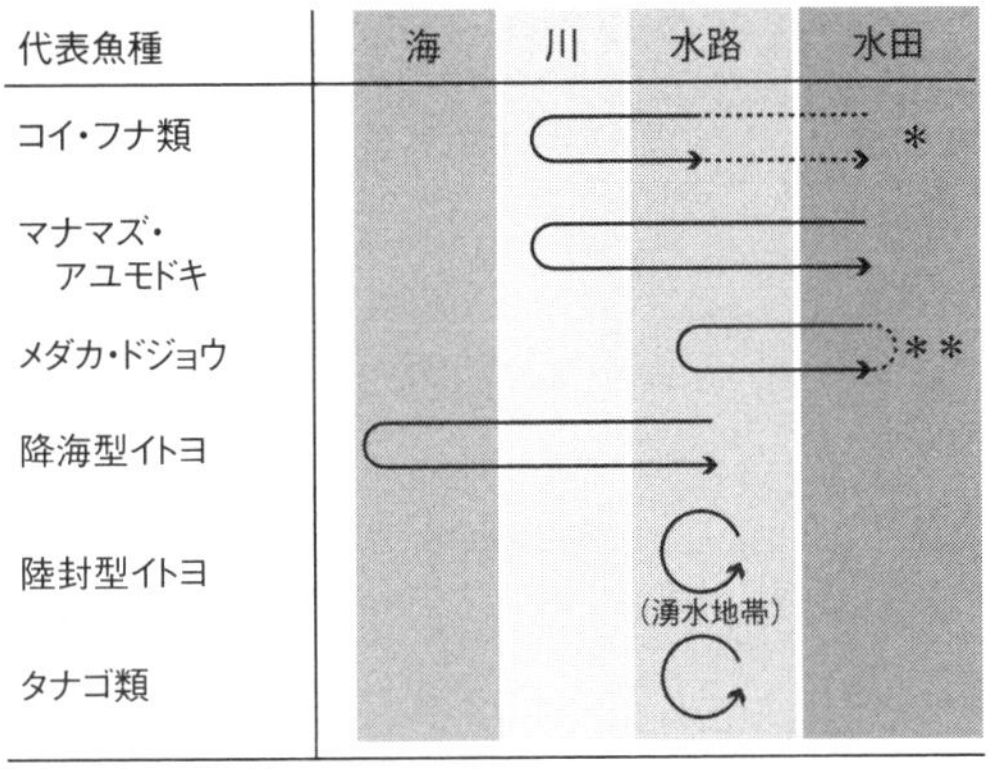

図2－2　魚類の移動から見た水田・水路の位置づけ
矢印の終点は産卵の場を表す
＊水田への遡上が可能なら水田で産卵する
＊＊水田でそのまま生活する

からこそ座りよく、安定してできる。ナマズにとっては欠くことのできない場所が、流れのない田んぼのような湿地なのだ。

このほか、天然記念物に指定されているアユモドキも産卵の場として田んぼを必要とする希少種である。また、田んぼで産卵する魚に共通して、田んぼという場が水温が高く卵のふ化とその後の成長が速いこと、仔稚魚にとって比較的安全で、ミジンコなどの餌が豊富なことも利点になる。

■田んぼ定着型　…メダカ、ドジョウなど

メダカとドジョウは、水田地帯の代表選手といってよい魚類だ。ドジョウは交尾の形態がナマズとよく似ており、卵の粘着力も弱い。ナマズ同様、もっと田んぼに登れるようにしてやりたい魚だ。

メダカはけっこう頻繁に田んぼに入ってくる。メダカは田んぼに居座ってあまり外へ出る気がないようだ。

コイ、フナ、ナマズは、産卵が終わると意外とあっさり水路に出ていくが、メダカやドジョウは違う。田んぼに年中水が溜まっていればそこをよい棲みかとするのが、メダカやドジョウだ。

■水路・海回遊型と水路定着型　…イトヨなどのトゲウオ類

イトヨは、背ビレなどがトゲになったトゲウオ類という小さな魚の仲間で、北半球の亜寒帯から温帯にかけて広く分布している。トゲウオ類は、産卵期になるとオスが水草を集

写真2－1　薄い緑色をしたイクラ大のナマズの卵。10粒ほど採取し、田んぼの水ごとペットボトルにいれておいたら、翌日に小さなオタマジャクシのような赤ちゃんがかえっていた。産卵からたったの2日という早さだ

写真2－2　あわて者のフナが噴射した卵

めて巣をつくり、メスを誘い入れて産卵させ、その直後に放精する習性をもっている。このため、トゲウオ類には葉が水面下に没するタイプの水草が不可欠である。

また、イトヨには遡河型と陸封型があり、遡河型は春になると海から河川を遡上し始め、河口に比較的近い農業水路に棲みつく。北陸地方だと四～五月頃に産卵し、稚魚は六月下旬頃に海に降りる。遡河型のイトヨは水路・海回遊型ともいえる。

最近は、最上川などで河川敷に遡河型イトヨの産卵場を設けるなどの対策も試みられている。しかし農業水路のほうが、この遡河型イトヨにとってはより適した生息域ではないか。対策はまず農業水路にこそ施すべきだろう。

一方の陸封型イトヨは一生海に下ることがない。水路・海回遊型に対して、こちらは水路定着型といえる。陸封型イトヨは、本州では年中湧水のある水温の低いところ（一年を通じて二〇℃以下）でしか生息できない。したがって、湧水地帯そのものを保全しなければ、本当の意味の保全にならない。このイトヨについては一一四頁から詳しく紹介している。

●ナマズの大切な産卵場所＝田んぼ

ナマズの「からみ愛」（一章一六頁）を見た翌日、行ってみると付近にバラバラとまかれた卵があった。イクラを青白く半透明にしたようなそれを（写真2―1）、清涼飲料水のビンのふたに数粒すくい取ると、わずかに田んぼの泥や細かい枯れ葉がくっついてきた。しかしナマズの卵にはほとんど粘着力はなく、コイやフナの卵とは全然違う。

表2－1　コイ科魚類の産卵場所

産卵場所	魚類		特徴
水面近くの水草などの浮遊物に産着	コイ、フナ、ワタカ、タモロコ、ホンモロコ		おもに止水域に生息する種であり、表面近くで溶存酸素濃度が高いという好条件。粘着卵
水中の固い面を持ったものの表面に産着	ムギツク属、モツゴ属		杭、植物の茎、石、貝殻などの表面。粘着卵
水底に産卵	流水性	オイカワ属、ウグ属、ハス、アブラハヤなど	・ウグイは瀬の落ち込みの裏側。産卵の際、上流から砂レキがくずれて付着・埋没する。 ・アブラハヤ、タカハヤは砂、砂レキの中に産卵し、埋め込む。 ・オイカワ、カワムツ、ハスは渓流部の砂、砂泥底に産卵
	底生性	イトモロコ、カマツカ ツチフキ、ゼゼラ	イトモロコは底部に放卵するのみ。 ツチフキ、ゼゼラは、寒天膜質に被われた卵で、表面に泥が付着して泥団子状となる。これで外敵を防ぐか。
二枚貝の体内に産卵	タナゴ類 ヒガイ		タナゴ類は、貝の出水孔を通じて鰓葉の内部に産卵 ヒガイは、貝の外套腔または吸水孔内に産卵
大河川の流水中で産卵し、卵は流下しつつふ化する	ソウギョ、ハクレンなどの外来種		大陸の長いゆるやかな河川での産卵習性。 ふ化までに数日を要する。

粘着力の強い卵は、一度何かにくっついてしまえば後は安定して成長できる。流れが多少速くてもはがれないし、新鮮な水をつねに受けられる利点もある。そこで親魚は、卵のふ化と仔稚魚の生育に都合のよい環境を選んで産卵する。

左上にコイ科の魚類の産卵特性をまとめた（表2—1）。一口にコイ科といってもその習性はさまざまで、いろいろな産卵場所が選ばれている。特異なのはタナゴ類だ。この魚は二枚貝の鰓に産卵管を挿し込んで卵を産み付ける。またトゲウオ類は水草で巣をつくり、その中に産卵する。こうした習性をもつ魚の卵には粘着性がない。

逆に強力な粘着卵をもつコイやフナは、目標物にねらいを定め、まるで散弾銃を撃つように卵を噴射する。写真2—2はあわて者のフナが冒頭で紹介した「魚道」を飛び越す際、力が入りすぎたのか、思わず噴射してしまった卵である。

ナマズは、トゲウオ類のように水草や場合によってはビニールのゴミでも巣をつくる努力家でないし、タナゴ類のように一瞬のすきに二枚貝のお腹を借りる小器用さもない。泥の上にバラバラと産卵するだけだ。産卵するのが田んぼだからそれでもいいのだろう。田んぼの中はほとんど水の流れがなく、粘着性のほとんどないナマズの卵でも流されてしまう心配は少ない。第一、あのメスとオスとの「からみ愛」は無重力に近い水中遊泳より、田んぼのような水深のごく浅い場所でこそ「座りがよい」に違いないのだ。

さらに、田んぼは昼間とても温かい。五、六月の田んぼの水温は水路に比べ一〇℃ぐらい高いことは珍しくない。おかげで卵も早くふ化できる。もともと南方系の魚であるナマズにとって高い水温はありがたいのだ。また、それこそ田植え後は肥料の効果もあって微栄養に富み、餌となる生き物も豊富で、仔稚魚の成長も早まる。そこまでナマズが期待して田んぼに登るのかどうかはわからない。しかしナマズは田んぼという栄養豊富な環境で、結果として早く成長していることは間違いない。

写真2－3　ミヤコタナゴ生息地の水路
何者かが仕掛けたカゴを発見。この撮影の直後に密漁者が現れた

■水路定着型　…タナゴ類

タナゴ類の多くは水路などで一生を送る。代表例は、国の種指定天然記念物に指定されているミヤコタナゴだ。タナゴ類は二枚貝の鰓の中に卵を産み付けるという独特の習性をもっている。したがって二枚貝が生息できなければタナゴ類は繁殖できない。

ミヤコタナゴは今や正真正銘、絶滅の危機に瀕している。上の写真2―3は、関東地方のある生息地を訪れたときのものだが、捕獲カゴが仕掛けられていた。そこに偶然、仕掛人とおぼしき人物が現れたので厳重注意に及んだが、国の天然記念物に指定されると、マニアの間で高額で取引されるようになり、生息地が荒らされてしまうことが少なくない。地元の協力は不可欠だが、国としても天然記念物指定をした責任を果たすべく、地元への支援など十分な対策を立てるべきだ。

田んぼ・水路の三つの役割類型

以上をふまえ、魚たちにとっての田んぼ・水路の役割を類型化してみると、次のようになる。

類型Ⅰ「ゆりかご」―保育園としての田んぼ・水路

コイやナマズ、フナは、ふだんは大川や湖などで生活していて、産卵時期を迎えると水路や田んぼまで遡上し、生まれた仔稚魚はしばらくそこに溜まるものの、やがて川などに移動する。この場合、田んぼや水路は魚にとって「ゆりかご・保育園」の役割を果たす。

ここには、川から遡上するコイ、フナ、ナマズ、アユモドキのほかに海から遡上する遡河型イトヨを入れてもよい。

類型Ⅱ「棲み分け」―マイホームとしての田んぼ・水路

田んぼや水路から一生移動しないという意味で、川と棲み分けているタイプだ。

このグループの代表魚種は、田んぼに産卵のために遡上するか、あるいは田んぼや水路を往き来しつつ、生息することもできるメダカやドジョウ、キンブナ（小型のフナ）、タモロコ、また、田んぼにはとくに遡上せず水路にいるミヤコタナゴなどのタナゴ類、さらに、湧水地帯でないと生息できない陸封型イトヨやそのほかのトゲウオ類（北海道は除く）が入る。

類型Ⅲ「あそび空間」―索餌空間としての田んぼ・水路

以上述べた以外の魚種が、田んぼ・水路と関わりがないかというと、けっしてそんなことはない。たとえ産卵のため登らなくても、またふだんの棲みかにするのでなくても、川とつながっている水路や田んぼまで、さまざまな種類の魚がやってくる。排水路の奥深くまで入り込むオイカワ、かんがい水路を泳ぐウグイなど、りっこう見られるものだし、自然なことだ。あえて、このタイプに名前を付けるとすれば、〈索餌〉や〈生息域拡大〉といった目的行動が考えつくが、ただ単に無目的に遊んでいるだけかもしれない。こうした魚の仲間には、上記のオイカワやウグイなどのほか、モツゴ、ヨシノボリなど多くある。

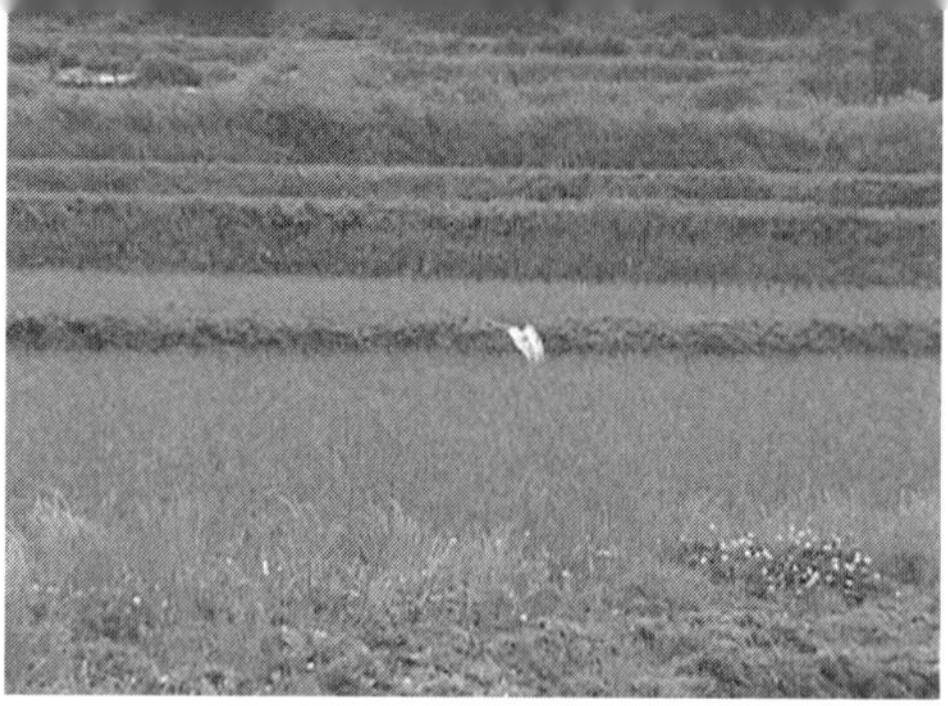

写真2－4　谷津田の田越しかんがい（右）と、典型的な用排兼用水路（左）。セキ板の上げ下げで田んぼに水を出し入れできる

魚にとって田んぼと水路が果たす役割はさまざまだが、観察田の小さなコンクリート排水路の落差が象徴するように（ここではまだ魚が登れるだけよいが）その関わりが断ち切られたまま、今日まできた。その背景には生産性重視という考えがあった。実際、米づくりの場は、その時代々の価値観や技術水準に応じて進展してきたのだ。

ここにきて、生産性の高い米づくりはもちろんだが、加えて、生き物や景観の保全が大切とされる時代になってきた。こんな価値観の変化に応じて、これからまた田んぼや水路をどうつくり変えるべきだろう。それを考えるうえで、これまでの歴史をふり返ることは大切だ。魚を田んぼに登らせる取り組みも、その延長上に描かれなければならない。

かんがい方法を切り口に、その発展過程を簡単に見ておこう。

昔のかんがい、今のかんがい

皆さんは、自宅から愛犬を連れての散歩道で、毎日のように風景の中の田んぼを見ているかもしれない。ところが、その田んぼにどのように水がかんがいされ、また、排水されていくのかご存じないか、イメージできない方が多いのではないか？　あるいはそもそものようなことに関心をもったことがない、というべきかもしれない。しかし、魚と田んぼの関係を考えるうえで、かんがいや排水のシステムを知ることは必要だ。

田んぼでコメをつくるには十分な水がいる。近くに川があれば川が、池があればその池がおそらく水源だ。そして今度は田んぼの周囲を見わたしてみて、田んぼの地面より上にU字型のコンクリート水路が走っていたら、それが水源からつながるかんがい水路だ。か

図2－3　かんがい方法のタイプ

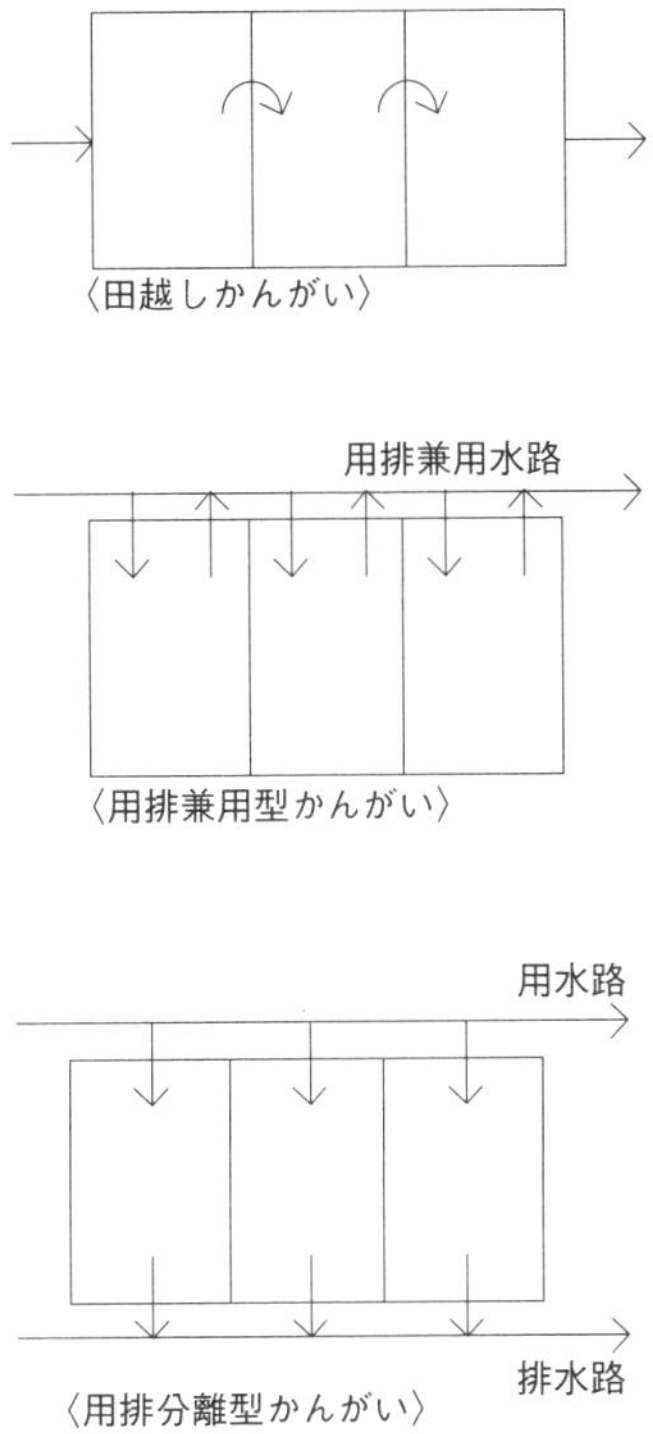

んがい水路は水源に近いところは幅広で、田んぼに近づく間に枝分かれして細くなる。

そのような水路が見つからないという場合は、田んぼの縁に蛇口があるか見てほしい。あったら、水はそこから田んぼに注がれている。そう遠くないポンプ場から地中を通るパイプラインでかんがいされている。この場合も、水源からポンプ場まではかんがい水路で送水される。

さらに田んぼの脇を見ると、今度は地面を掘り下げた水路が走っているはずだ。これが田んぼから出た水を流す排水路だ。排水路は、壁側がコンクリートでも底は土のままという場合が多く、ヨシなどの草が生えていたりする。排水路は田んぼの脇では細いが、下流で合流するに従って幅広くなり、最後は川や池につながっている。これが現在の田んぼでコメがつくられるために施されているかんがい・排水の仕組みの素描だ。

しかし現在のようなシステムになるまでには長い歴史を経てきている。これから見ていくとおり、それこそ時代時代の土木技術の水準に応じて発展してきたといってよい。

(1)田越しかんがい

私が小学校に入ったのは一九五六年だが、その頃、阪急電鉄の線路の向こう側は田んぼや畑だった。田んぼはけっして真四角に整地されておらず、大きさも形もまちまちのものが、それなりに自然な関係でつながりあっていた。自然な関係とは、「水は高いところから低いところに流れる」という法則に従った、隣どうしの田んぼの関係だ。つまり、どの田んぼも隣とは微妙に高さが違っていて、一枚の田んぼを潤した水は、ほんの少し低まった隣の田んぼに流れる。こんなふうにしてかんがい水は上から順にすべての田んぼを潤して、最後は川に流れ込むしくみになっていた。こんなかんがい方法を「田越しかんがい」と呼ぶ（写真2―4の右、図2―3の上）。

日本は豊富な降水に恵まれて川がよく発達している。しかし、水が豊富だからといって田んぼへのかんがいにすぐ使えるわけではない。水が流れている高さや速さを上手に利用して田んぼまで導水する必要がある。昔、これが比較的簡単にできたのは、小さな谷津田（やつだ）だ。谷津田は、谷戸とも谷地とも呼ばれるが、小さな谷筋に発達した田んぼで、そこにわき出す湧水をかんがいに利用する。こうした場所だと上流から下流へと順に水が利用できる。

戦国時代以降、江戸期の終わりまでに実に二〇〇万haに及ぶ田んぼが開発されている。自然に近いかたちでのみ可能だった利用方法から、治水とセットになった水利技術の発展に伴って、それまで不可能だったところでコメづくりが可能になったが、かんがい方法は田越しが多く、明治期になるまで続く。この方法では農作業は一斉に順序よく進める必要があるが、共同作業が当然だった時代では何の問題もなく、全体として効率的な水利用が実現できていた。

⑵用排兼用型かんがい

明治になって土地の所有制が確立するとともに、田んぼを集団としてまとめて区画整理

写真2－5　湛水かんがいの水路
この付近で希少魚であるウシモツゴが発見された（昭和60年頃、圃場整備前）

する事業が行なわれるようになった。この時期に多く取り入れられたかんがい方法は、用排兼用水路を用いたものだ。「用排兼用型かんがい」という（写真2―4の左、図2―3の中）。

用排兼用水路というのは、田へのかんがいと田からの排水の一つの役割を兼ね備えている。田んぼに水を入れるときはセキによって水位を田面以上に上げ、排水するときはセキ板をはずして水位を下げる。田んぼごとの水の出し入れは可能だが、完全に独立した水管理が行なえるわけではなく、一定のまとまりごとに一斉作業が必要になる。

私が毎年のように調査に出かける岡山の水田地帯もこの方法でかんがいしているが、一枚一枚ではなく、多くの田んぼを一斉に行なっている。かんがいが始まると幅四～五mはある水路の水は溢れそうなくらいに上昇し、道路すれすれを流れる。取り入れ口の栓を開くと、水は次々と田んぼを潤していく。こんなふうに水路と田んぼがつながれば魚は自由に田んぼと水路、そして川を往き来できる。

(3) 湛水かんがい

セキによる水位上昇で、あたり一帯の水田を水路もろとも水面下に沈めてしまうかんがい方式を、「湛水かんがい」という。なかなか豪快で、川の下流の低平地帯に特徴的なかんがい方法だ。

写真2―5は岐阜県の長良川と揖斐川に挟まれた輪中地帯の田んぼで、ご覧のようにここには畦がない。沼地だったところを底の土を掘り上げて田んぼにしたのだ。まさに先人の苦労が偲ばれるが、整備の及ばないこういう場所にこそ、希少魚がひっそりと暮らして

写真2－6　用排分離のコンクリート水路。水面の高さは、田んぼから30㎝上にある

いたりする。絶滅したと思われていたウシモツゴが発見されたのも、このあたりだった。

圃場整備事業が進んだ結果、写真のような独特の景観はもう完全に消えかかっている。少し前まで東海道新幹線の岐阜羽島駅を大阪に向かって過ぎたあたりの左の車窓に見える沼の形に、わずかに当時の痕跡を伺うことができたが、いまはそれもない。

(4) 用排分離型かんがい

かんがいはかんがい専用の用水路で、排水も専用の排水路で田んぼへの水の出し入れを行なう方法を、「用排分離型かんがい」という（図2—3の下）。この方法はすでに明治期に試みられているが、水路のための敷地（「つぶれ地」という）が増えて小作面積が減ってしまうために地主に嫌われたのと、水が潤沢でないとやりにくいことからあまり普及しなかった。

第二次大戦後、農地改革を経て昭和二十四年に土地改良法が制定され、以後、食糧増産対策として盛んに農地が開発されるとともに、生産性向上のために用排兼用水路が用排分離型に整備されるようになった。かんがいと排水の役割を分けることで田んぼの水管理が楽に行なえるようになったのだ。

隣の田んぼとは関係なく水の出し入れができる。また排水がよくなって乾田化が進み、農業機械も使いやすくなった。しかし、田んぼと水路はつながらなくなり、魚たちは田んぼに入れない。用排分離型とは、田んぼの魚を田んぼから遠ざけるものでもあった（写真2—6）。

写真2－7　今日、ごくふつうに見られるパイプラインによる蛇口給水

(5) かんがい水路のパイプライン化

現在もっとも普及しているのが、パイプライン方式のかんがい方法だ。一枚の田んぼごとに給水栓が取り付けられており、好きなときに蛇口をひねって田に水を入れることができる（写真2―7）。パイプラインを地中に埋めるので水路敷地としての「つぶれ地」もなく、地上に出た開水路で避けられなかった溝さらえや草刈りも省ける。農家にはとても便利な方法になった。

一方で、建設コストが開水路に比べて割高で、電気代もかかり、またパイプに物が詰まるといったトラブルもある。後で紹介する「魚道」試験に使っていた霞ヶ浦湖畔の田んぼもパイプかんがいされていたが、ポンプ場で吸い込まれた魚が蛇口近くで詰まってしまい、水が出なくなって水道屋を呼ぶこともあった。魚はパイプの中では生きてゆけない！

(6) クローズドシステム

いまやパイプライン化はかんがいだけではなく排水にも及びつつある。水量は節約でき、排水路用の「つぶれ地」もなくなる。耕作面積を増やすことができ、溝さらえや草刈りなどの管理作業もいらない。まさに究極のシステムだ。と同時に、それは田んぼが田んぼの魚との縁を切るという意味でも、究極の姿となった。

「これでも田んぼでメダカや生き物は飼える」という声も聞こえてきそうだが、そこはもはや田んぼという名の大きな水槽であり、自然性を失った容器にすぎない。

魚が自分で登り、そこで次の世代を産み、また自分で外の水域に出ていくことが可能になって初めて、田んぼと魚の本来のあるべき関係ができたというべきだ。

では、このように現在「用排分離」や「パイプライン化」が一般となった水田・水路ネットワークのなかで、田んぼと関わりの深い魚はどのように生きているのか。彼らのためのかんがいシステムはどんなものが可能だろう。生産性や効率性を追求してきたこれまでの方向を、生き物の保全とどう両立できるだろうか。

しかし性急な答えは控えよう。ひとまずそれはおいて、田んぼに生きる魚、とりわけメダカの生きざまを見てみよう。メダカやほかの魚たちの意外なたくましさや弱さ、けなげにも必死に生きる姿を紹介したい。そのうえで、将来の田んぼのかんがいシステムのあり方について考えてみたい。

三章

田んぼはメダカのマイホーム

図3－1　日本版レッドデータブックカテゴリー

●絶滅（EX）
●野生絶滅（EW）
●絶滅危惧（Threatened）
- 絶滅危惧Ｉ類（CR＋EN）
  - IA類（CR）
  - IB類（EN）
- 絶滅危惧II類（VU）

●準絶滅危惧（NT）
●情報不足（DD）
●付属資料［絶滅のおそれのある地域個体群（LP）］

『レッドデータブック』に載ったメダカ

私が岡山で調査を続けていた田んぼでメダカは一度も見かけなかった。近くでは見かけたので周辺にメダカがいないわけではない。

私のみたところでは観察田のそばに山が迫り、地形に勾配があるために、水路の流れが速い。こうした条件のところでは、メダカが棲めない区域があるのは仕方がない。

それよりも、『レッドデータブック』の「絶滅危惧種」に指定されたというニュースに私は強いショックを受けた。

「あの繁殖力の旺盛なメダカがどうして……」と思ったのだ。

環境省によるレッドデータブック（『改訂・日本の絶滅のおそれのある野生生物』二〇〇三年）では、汽水・淡水魚類のレッドリストを図3―1のように四つ、細かくは六つのレベルに分けている。整理すると、まず「絶滅」には二通りあり、一つはこの世からもう完全に姿を消してしまった「絶滅」と、自然環境では姿を消したが飼育によって保存が図られている「野生絶滅」がある。

この「絶滅」の下のランクに「絶滅危惧」というレベルがあり、「将来絶滅の危険性が高い」I類と「絶滅の危険が増大している」II類に分けられている。メダカが指定されているのが、このII類だ。ここはI類に比べればまだ危機は差し迫ってないが、安閑ともしていられない。メダカがいまあるのは、そんな位置だ。

同書の解説はこのメダカ減少の原因として次のようなことを列挙している。

・田んぼの大区画化と乾田化
・用水路整備によるため池の不用化
・都市近郊の各種造成工事による生息地の消失
・生活雑排水の生息地への流入汚染
・用水路のU字溝化とコンクリート壁化
・産卵床としての水草繁茂地の減少と消失
・用水路と水田との流水落差の増大による生息地の孤立化
・外来魚のブラックバスやブルーギルなどによる食害

これらは、確かにどれも間違っていないと思うのだが、これでは水辺を何かしらいじるとすべてメダカに悪影響を与えてしまうことになる。

それはともかく、私が解説の中で気がかりに思ったのは、「人為的な移植放流による分布拡大が危惧される」という指摘だ。生息地が減少しているのだから放流による分布拡大はよいように思えるが、少し複雑な事情がある。

日本のメダカは、同じ一つの種として、日本だけでなく朝鮮半島から中国中南部および台湾に分布している。しかしメダカには広域の移動能力がないため、地域によって異なる遺伝特性が生じるようになる。国内でも北日本型と南日本型とに大きく二分している。こうした遺伝特性の違いは長年月を経て、やがて新しい種の誕生につながるかもしれない。しかし人間が無分別に放流してしまうと地域的に秩序だっていたメダカの遺伝特性を台無しにしてしまう可能性があるのだ。ペットショップで簡単に手に入るメダカだが、近くの小川や池にみだりに放してはいけない。

図3-2　メダカの生息地分布（アミのかかっている部分）

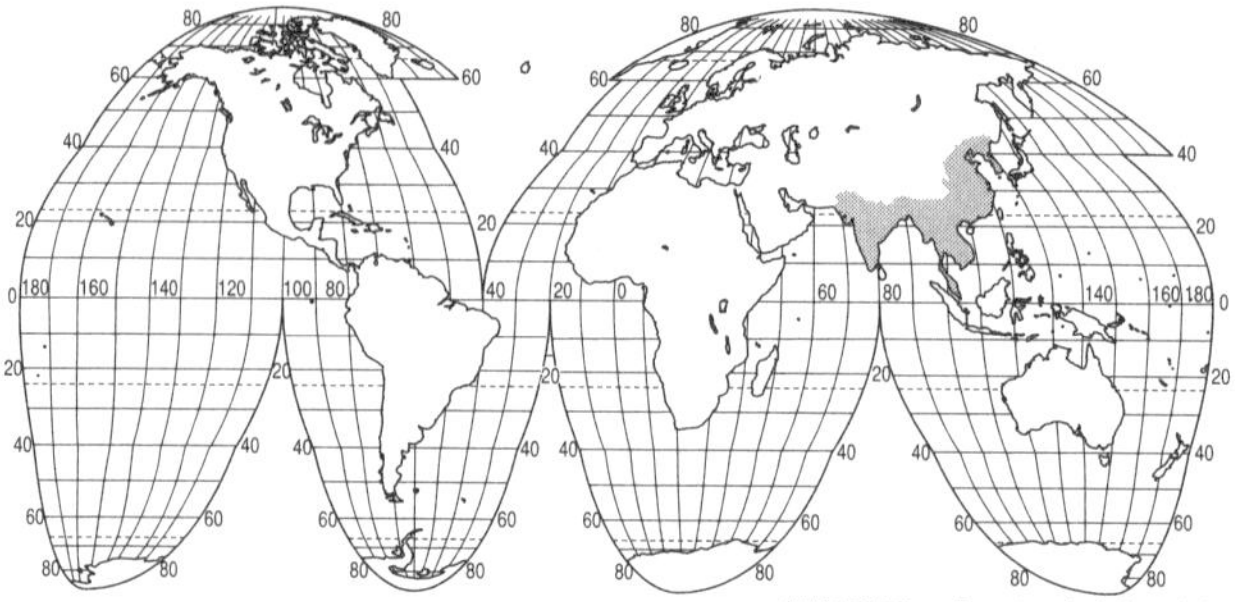

（岩松鷹司：「メダカ全書」より）

「イネの魚」メダカ

ところでそもそもメダカとはどんな魚だろう。それこそ『レッドデータブック』に載るほど、ひ弱な魚なのだろうか。

メダカは頭の先から尾っぽの先までの長さ（全長）が三〜四cmしかない、日本に棲む淡水魚の中では一番小さな魚である。日本だけでなく、中国、朝鮮半島から台湾、フィリピン、インドネシアなどの島々と、陸伝いにはベトナム、ラオス、カンボジア、タイ、ミャンマー、インド、スリランカまで広く生息している（図3—2）。

日本のメダカは、世界共通の呼び名であるラテン語の学名でいうと「オリジアス・ラティペス（*Oryzias latipes*）」と書く。Oryziasは生物学の分類でいう「属」を示す、いわば名字のようなものだ。latipesのほうは「種」を示し、家族のそれぞれのメンバーの名前といってよい。Oryziasという家族が一〇あまりのメンバーで構成されていて、日本のメダカはその一員だ。

そしてこのOryziasだが、これはラテン語でイネを意味するOryzaからきている（注）。メダカは「イネの魚」というわけだ。イネの魚とは、言いかえれば田んぼに棲む魚という意味だが、うまく名付けたものだ。日本を含む東アジアから東南アジア、さらに南アジアにかけてメダカが棲む範囲は、まさに昔からのイナ作地域とぴったり一致している。

しかもメダカはメコン川上流域の種が発生的にもっとも古いとされており、これも水田の発祥と一致する。ここまでくれば、メダカは水田イナ作の伝搬とともに生息域を拡大しつつ、種の分化をはたしてきたと想像したくなる。ロマンがあって面白い仮説だが、遺伝学的にはメダカの種分化のほうがイナ作の伝搬よりずっとずっと早く生じたとされている。

（注）「ラティペス　latipes」のほうは大きなひれを意味する。

メダカの生き残り戦略

メダカはとても小さな魚だ。速い流れには耐えられそうにない。元々魚類は移動能力という点からみて、陸上を歩いたり空中を飛んだりする生物に比べて大きなハンディをもっている。せめてすばやく泳ぐことができれば危険回避も容易だが、メダカはそれさえできない。魚類の中でメダカは一番の弱者だ。そんな弱い魚がイナ作の始まるはるか以前から生き残ってきた。どのようにしてだろう。

その最大の戦略は弱みを逆手にとる方法、速い流れに抗す力がないならば、逆にその流れに身をまかせてしまえ、という生き方だった。つまり、メダカは流されて生きる魚なのだ。

雨が降って川の水量が増えると、そのうち水が溢れ始める。現在のように堤防がガッチリと築かれていない時代は、川の勾配がゼロに近くなるあたりでたびたび氾濫がおこった。そうした川の氾濫で一帯が水浸しのときに、メダカは溢れた水の流れに身をまかせてあちこちに拡がっていく。やがて洪水が治まり、水が引き始めると、それまで一つの水面でつながっていた地域にふたたび陸地が現れ、大小の孤立した水たまりができる。そのうちのいくつかは小さな水路でつながったり、元の川とつながったりしていた。メダカはそうした大小の水たまりで暮らしながら、また大雨が降り、溢れた水に流されて生息域を拡大していった。

これが、私がイメージする「流れに身をまかせる」メダカの生き残り戦略だ。

もちろんいつもうまくいくとは限らない。日照りが続けば、ついには水たまりが干上がる。そうなれば万事休すだ。メダカはそのままそこで死に絶えるしかない。ただ、卵は多少は乾燥に耐えられる。私の経験でも八月末のある日、田んぼの水を落としてから二日後に再び水を入れたところ、待っていたかのようにメダカの赤ん坊が生まれて、驚いたことがある。

もう一つの日照り対策となるのが、産卵方法と成長のスピードだ。

メダカの産卵期は、私の研究所のある茨城県のつくば市周辺で四月から九月までで、産卵は毎日のように頻繁だ。一度の産卵数は数十個程度と少ないが、仮に毎日産み続けると半年間で五〇〇〇個以上になる。体長（注）で約一〇倍、三〇cmほどのニゴロブナの産卵数が一〇万個というオーダー。一〇万と五〇〇〇ではかなり違うが、卵一個の大きさはどちらも一・五mm程度だ。ニゴロブナの一〇分の一程度の体長しかないメダカには、これが精一杯だろう。しかし大事なのはこの卵を毎日のように産むことだ。つまり危険分散という方法である。

（注）頭の先から尾ひれの付け根までを「体長」、尾ひれまでを含めた長さを「全長」という。

メダカが流れ着く先は、大きな水たまりだったり、小さな水たまりだったり、川の流れ

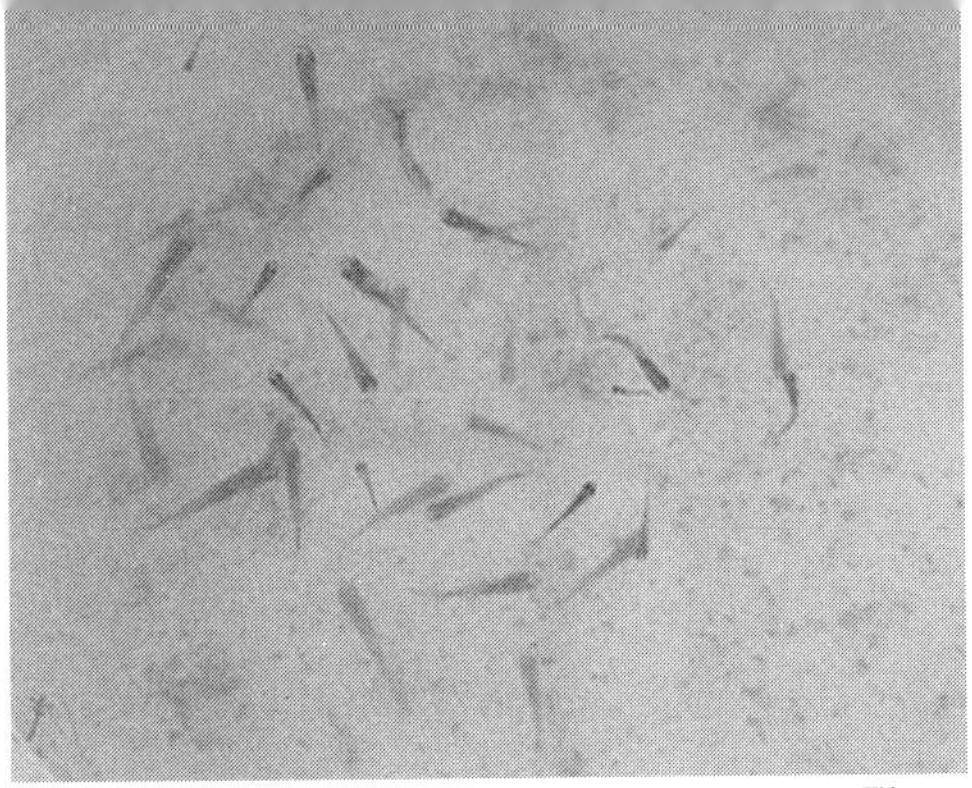

写真3－1　仔稚魚から成魚まで揃っているメダカの群れ

がゆるやかな場所だったり、水の有無、餌の豊富さ、敵の存在など、運不運の程度はさまざまに異なる。大きな水たまりに流れ着けば干上がる危険は少ないかわり、大きな魚も棲めることから、餌食になる恐れがある。川に流れ着いた場合も、大きな魚に食われる危険性は大だ。恵まれた環境でなら、一気に大量の卵を産めばよい。しかし、流れ着く先が、餌が豊富で敵もいず、干上りもしない、理想郷とは限らない。恵まれた環境をめざして自ら移動する十分な能力を持たないメダカとしては、一か八かの勝負を避け、一定の犠牲を計算に入れたうえで安全な生き残り策を構築している。それが少しずつだが頻繁に、長期にわたって産卵し続けるという戦略なのだ。

さらにメダカの成熟は早い。メダカの寿命はふつう一年。四月に生まれたメダカは、八月には次の世代を産み出せるまでに成長しているが、その親はまだ産卵している。秋には生まれたばかりの赤ちゃんから産卵が可能な成魚まで、一尾の親から生まれた子どもがさまざまな成長段階で揃うことになる。危険回避が可能な成魚がいつもいることは、集団が生き残るためにとても重要だ（写真3―1）。

メダカは、集団としてさまざまな成長段階のものを混在させ世代交代の安全を維持しつつ、危機管理への備えを整えてきた。そんなメダカが、ではなぜ「絶滅危惧種」に指定されるまでになってしまったのか。レッドデータブックにはさまざまが原因が挙げられていたが、一番の原因は何なのだろう。

生存拠点の水たまりはどこにいったか

一番大きな理由は、メダカが棲む場所としての〈水たまり〉、あるいは水たまり的な小川をなくしてしまったことだ。

毎年メダカを見ることができる場所があれば、近くに必ず一年中水が涸れない窪地や湿地、あるいは流れのゆるやかな小川があるはずだ。湿地は周辺でも一番低まった場所で、かんがい用のため池などとしてそのままにおかれた。おかげでメダカは一年中水がある安全な棲みか、生存のための拠点を確保していた。

春になって田んぼに水がかんがいされ始めると、メダカは安全な棲みかとしての湿地から小川などを伝って移動を開始し、生活場所を拡大しつつ次世代に生命をつないできた。大雨が降って田んぼが水に浸かると、その田んぼに入り込んだり、流れにそのまま流されたりしてたどり着いた先で生活を始めるものもいる。秋になってイネ刈りが終わり、用水を流れる水も少なくなると、一部のメダカはふたたび元の水たまりや小川に戻り、翌春までの安全な棲みかとして利用する。が、なかにそのまま行き着いた先で冬を越そうとするメダカもいる。実際に、以前のように水はけの悪い田んぼなら、そのままそこで棲み続けることもできた。また、土の水路だとところどころに凹みができる。ここが水涸れしなければそこも越冬場所になっていたのである。

いまやこうした湿地や水たまりは利用価値のないジメジメした不衛生な場所でしかない。重機でいとも簡単に埋め立てられるし、水はけのよい乾いた田んぼに変えられる。メダカにとっては大切な生存の拠点としてきた安全な湿地がなくなった。

一方の水路も、生産性向上を目的に田んぼが乾田化される（水はけのよい水田にする）際、田んぼとの落差が大きくとられ、また水利の効率性を追求してコンクリート水路に変わった。このようにして、生存拠点としての湿地や安全な棲みかとしての田んぼ、水涸れしない流れのゆるやかな小川が減ってしまったことがメダカ減少の大きな原因の一つだ。

土の水路とコンクリートの水路

田んぼの畦に沿った幅五〇cmにも満たない小川を泳ぐメダカの群れ。子どもの頃じっと覗きこんだ光景は、今も私の脳裏に焼き付いている。

全国の地方自治体の土地改良関係の技術者を集めたある研修会で、「春の小川はさらさら流る……」と唄われた「さらさら」はいったいどれくらいの速さをイメージするか訊ねたことがある。毎秒五〇cm、六〇cmという答えが多かった。おそらく「さらさら」という表現が、ある種のスピードを感じさせるのだろう。しかしこれではとてもメダカは暮らせない。

メダカは、さらさら流れる小川より、どんよりと流れが止まったような小川のほうがずっと好きさで、棲み続けることができる。

以前、ＮＨＫテレビの「メダカの学校復活作戦」という番組制作のお手伝いをすることがあった。そのなかで私の試験地の脇を流れる土の水路の流速を測って、メダカが泳げる速さかどうかを確かめてみようということになった。幅一〇ｍ近い水路の中央は毎秒三〇

cmほどで、メダカにはかなりきついものだったが、ヨシの生えた岸近くの流速は毎秒五cmもないほどゆるやかで、これならメダカもゆったり泳げる。すると、ちょうどそこへ二cm足らずの当年生まれのメダカが泳いできたのだ。「偶然ながらうまくできてるねぇ」と担当ディレクターのHさんと一緒に微笑んだことだ。

昔の小川は土水路だった。いまはコンクリート水路が主流になった。水を効率よく通すほか、土手の崩壊を防いで草が生えないようにするのがおもな理由だ。それまで頻繁に必要だった補修など維持管理の労力や費用が省けるようになった。また、コンクリート水路にすることで水路の敷地面積（「つぶれ地」という）が少なくて済むようになった。

コンクリート水路の壁や底はつるつるして抵抗が小さいため、ざらざらした土水路より水の流れは速い。壁や底のつるつるやざらざらの度合いを〈粗度係数〉という専門用語で表わすが、流速はこれに反比例する。土水路の〈粗度係数〉は〇・〇四ほどだが、コンクリート水路は〇・〇一五程度。水は三倍近く流れやすくなった。おかげで水路の敷地面積は半分以下で済むようになり、そのぶん田んぼが増やせる。土水路からコンクリート水路への転換は当然のなりゆきだった。

しかし流速が三倍近くなった水路では、もはやメダカは生きていけない。メダカにとって水路のコンクリート化が打撃でないはずがなかった。

メダカは流されて生きる魚だと述べた。しかし、流された先で落ち着くことのできる水域、ごくごくゆったりとした流れの小川や水たまりは必要なのだ。流される中で生き残りの戦略を築いてきたメダカも、流されっぱなしでは生きてはいけない。

四章

メダカの体力テスト

〈限界流速〉と〈定位摂食流速〉

従来、流れの速さと魚の遊泳行動については水産資源保護の視点から議論されることが多く、魚類保護といっても資源として価値のある魚種が中心だった。そして漁業的価値といった場合、圧倒的に海水魚が多く、淡水魚はほとんど相手にされなかった。アユとサケはそれでも大事にされたが、どちらも海との間を往き来するために純粋な淡水魚とはいえない。とくにサケは海の魚というイメージが強いが、もちろん、アユやサケにしても川での生活は大事だ。

だが、遊泳能力が優れたこれらの魚に対しては、流れの速さがどう影響するかなどあまり考えられてこなかった。本当は彼らだって休むためのゆるやかな流速は必要なのだ。アユやサケをめぐる流速の議論は、むしろ川の至る所につくられた取水用の堰やダムによってできた落差をどうクリアするかが中心となり、そのための「魚道」の構造の検討が重視されてきた。

その「魚道」の検討では魚のジャンプ能力のほか、〈突進速度〉と呼ぶ魚種に固有の〈瞬間最大遊泳速度〉を知る必要がある。魚が突進できる流速以下に、「魚道」内の流れをいかに抑えるかを検討しなければならないからだ。ふつう〈最大瞬間遊泳速度〉は、魚の体長の一〇倍くらいの速さとされている。体長一〇㎝の魚なら毎秒一mという速さだ。実際は、瞬間といっても一～数秒間耐えられる速さとされている。

この〈最大瞬間遊泳速度〉、つまり〈突進速度〉はそれ以上に流れが速くなると魚が瞬時に流されてしまう限界の速さである。そこで以下、この〈速度〉を流れの速さについていう場合、とくに〈限界流速〉と呼ぶことにする。

遊泳速度の概念にはもう一つ、〈巡航速度〉がある。巡航というとゆっくりしたイメージがある。先ほどの〈突進速度〉に対し、こちらは長時間持久できる遊泳速度と考えればよい。ほぼ体長の三倍くらいの速さとされていて、六〇分程度耐えられる速さとされている。先の〈限界流速〉にならえば、こちらは〈定位摂食流速〉といういい方がある。流れの中で魚がじっと動かずに自分の位置を維持しながら、流下してくる餌を食べることができる流速という意味だ。

人間の場合、大気という環境の中で生活しているが、相当強い風が吹かないかぎり体が動くことはない。しかし、水中では状況が違う。人間の比重は水に近いため、ちょっとした流れでも体がもっていかれてしまう。魚も同様で、眠っているときでもヒレを動かしていないと位置がキープできない。魚はそのためのエネルギーを極力省けるように「血合い筋」という筋肉組織を発達させているが、この血合い筋を使って省エネ運動を行なう遊泳速度を〈巡航速度〉、それに見合う流れを〈定位摂食流速〉と考えればよい。

私は、魚の生活を考えた場合、この二つの流速の概念だけでは不十分だと考えている。確かに魚が泳げる限界の流速を知ることは大切だし、省エネ泳法が可能な流れを押さえておくことも重要だ。しかし、それ以外にも魚の生活環境に則した流速の概念があってもよいのではないか。

「牛活者としての魚」の目線に立って水の流れを考えてみよう。そのための実験をメダカで試してみることにしたのだ。

実験水路と遊泳記録装置

実験装置は、幅一五cm、高さ一五cm、長さ二mの透明なアクリル板でできた水路を用いた（図4―1）。

水深は五～八cm程度に設定し、流速はポンプの循環水量をバルブで調整してコントロールする。水路の長さは二mだが、実際にメダカを泳がせるのは真ん中辺の四〇cmにした。上流側はポンプから出た水の乱れが大きく、下流側も、水路の最後につけた水深調節用の堰板の影響を受けて水深や流速が変化してしまうからだ。水路断面の流速は絶対に均一にならない。ただ、流速を厳密にコントロールするのは不可能だ。水路断面の流速は絶対に均一にならない。どうしても壁際や底付近では流速は小さくなるが、アクリル板は表面がツルツルしているため、極端に落ちもしない。壁から五mmのところでだいたい中心部分の九〇%程度の値だ。

一方、時々刻々移動するメダカの位置を計る装置だが、これは水路の底に碁盤の目のように線を引いた紙を貼り付け、真上からビデオカメラでモニターして把握することにした。深さ方向の位置測定はできないが、平面的な動きはこれで押さえられる。問題はその結果をどう客観的に、また定量的に表すかだ。これについては次のようにした。

メダカの動きは流れの速さとの関わりで、変わるはずだ。つまり少しでも流れがあれば確実にその方向を認知するだろう。しかし流れがゆるやかなうちは前後左右、上下と自由に泳ぐはずだ。だんだん流れが速くなるにしたがって上流を向く傾向が強まり、さらに速くなると、体の位置を維持するだけで必死になる。そして、ついに体の位置を維持できる

図4－1　実験水路装置
流速はポンプの循環水量をバルブで調節してコントロール。
図の下は実験区間に疑似水草を設置した状態

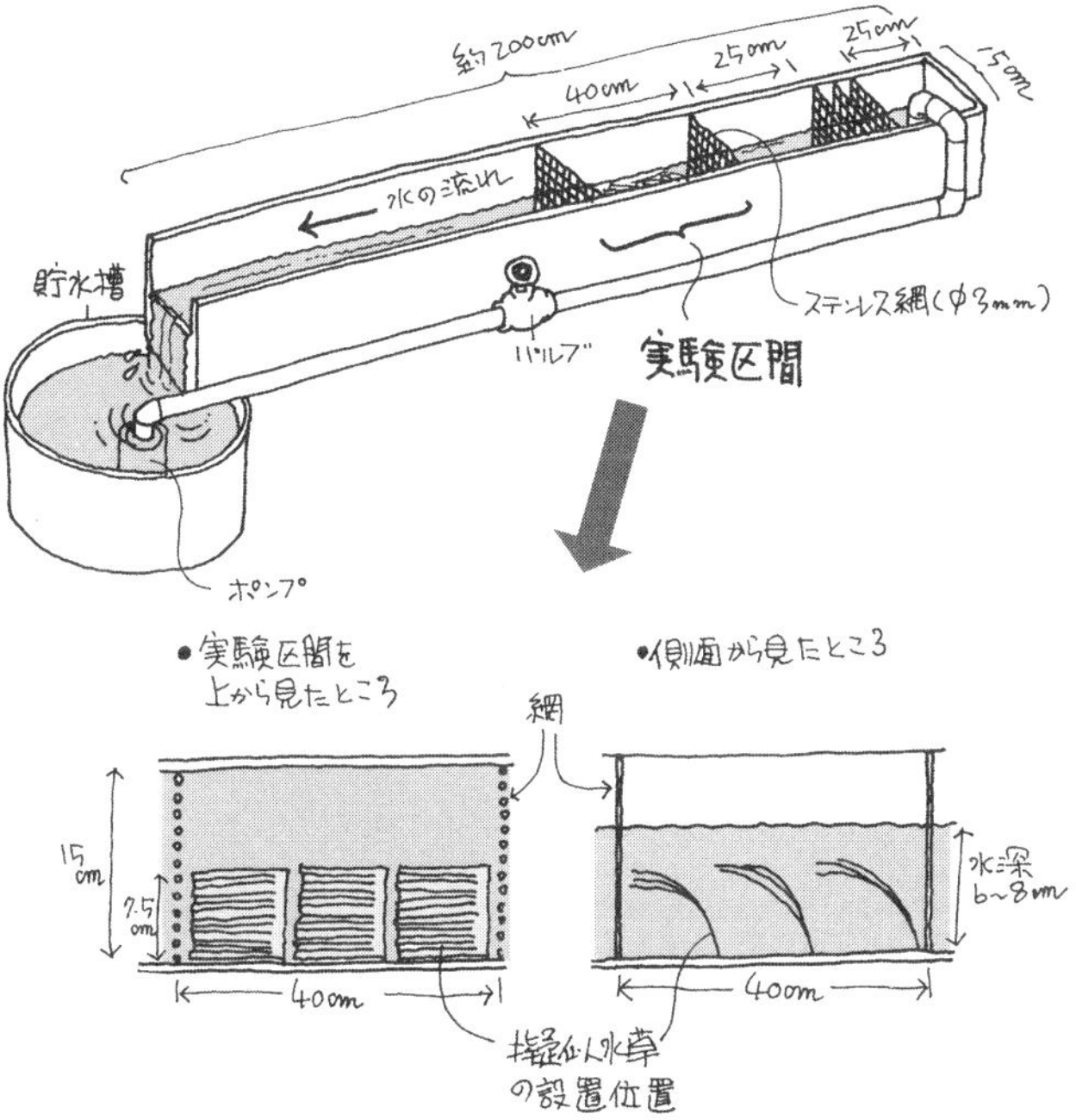

以上に流れが強くなると流されてしまう……。

そこで考えたのが、瞬間瞬間で変わるこのメダカの向きを記述するという方法だ。これを捉えることで、流れの速さとの関わりが読みとれる。

流れが速いと、メダカは流れに対し前向きになるか、まっすぐに向かざるを得ない。流れがゆるければ横向きや後向きの体勢がとれる。流れがゆるくても流れにまっすぐ向くことはあるが、まっすぐ向いたからといって流れに泳ぎを制限されているとはかぎらない。静水状態では、どの方向にも同じ確率で向くと考えてよい（図4―2）。

図4－2　流れに対する向きの判定基準
0：真前を向く
1：前を向く
2：前横を向く
3：後ろ横を向く
4：後ろを向く

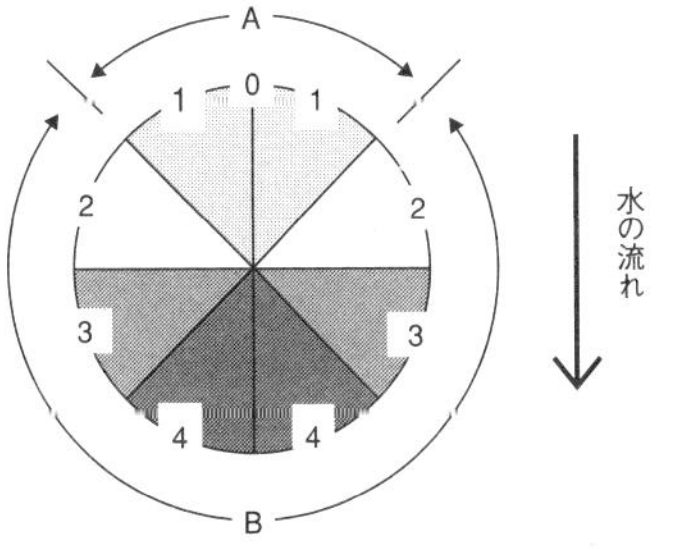

また、一定の時間内に移動した軌跡や距離を計算できれば、流れがゆるやかなときの自由な行動や、

逆に速い流れの中で必死に泳ぐ様がうまく捉えられるかもしれない。ある瞬間から次の瞬間にどの向きにどの方向へ移動をしたかということも、よい指標になる。

もし流れが速ければ、頭を上流に向けたまま下流に押し流される。瞬間、身を翻すことがあっても、すぐまた上流に向かい、態勢を整え元に戻る。逆に流れがゆるやかなら、流れに対して横を向いたり、その次には後ろを向いたりと、かなり自由に動き回れる。そんな様子が、行動追跡の記録から読みとれるはずだと考えたのだ。

しかしそのおかげで実験は四名の学生と研究室のパートさんにも参加してもらう、少々手間のかかるものになった。

メダカは群れで泳ぐ

メダカは群れで泳ぐ傾向が強い。私の試験地で泳ぐ様子を見ても、一尾と一尾が出合うと二尾に、二尾と二尾が出合うと四尾になり…してどんどん大きな群れになって気持ちよく泳いでいる。童謡の「めだかのがっこう」の「学校」は英語でスクールだが、スクールには「群れ」の意味もある。群れをなすメダカの様子を見て、学校と名付けたのはなかなかうまい。

しかしなぜメダカは〝群れ〟るのか。

私が群れという言葉から第一に連想するのは、小学生が集団登校している姿だ。上級生が先頭や後尾につき、その間に下級生を挟んで登校する。いつ見ても微笑ましい光景だが、この目的は一年生など弱者を含む集団全体の安全を効果的に確保することだ。メダカの群れでは誰が上級生か先生かよくわからないが、おそらく年長者である成魚が群れを引っ張って、やはり集団を守っているのだろう。群れでいることで、外敵からの攻撃目標を定めにくくしたり、単独で行動する場合の警戒心が軽減できるなどの効果がある。安全を守るのではなく、攻撃あるいは威嚇のために群れをつくる動物もあるが、メダカの場合には当てはまりそうにない。

生活者としての魚の目線に立って水の流れと泳ぎ方について考える場合、基本的にメダカは群れで泳ぐ、という視点は重要だ。だから実験も群れで行なうほうがよい。では、何尾なら〝群れ〟と呼べるのか。

群れというからには複数の個体がある一定の距離以内に集まっている必要がある。その距離とは、隣の個体とメダカの全長程度以内にあるものとされている。お互いに全長以内の距離で接しながら集団をつくっているものを群れという。群れには、近くに来た個体を引きつけてその一員にしてしまう吸引力があるが、メダカの場合、四尾程度でピークに達し、それ以上群れが大きくなっても強くはならない。そこで、四尾以上になったら群れと呼ぶことにした。

実験ではメダカの数をできるだけ少なくして、映像データの処理に要する手間を省きたい。そこで、七尾を一単位として実験に参加してもらい、過半数の四尾以上でまとまったときに「群れができた」とした。

また、個体レベルの基礎体力テストもやはり必要と考え、群れの実験とは別に一尾ずつ泳いでもらい、測定した。人間同様メダカにも体力差があり、全部で五尾に参加してもらった。

図4－3　流速と個体の向き

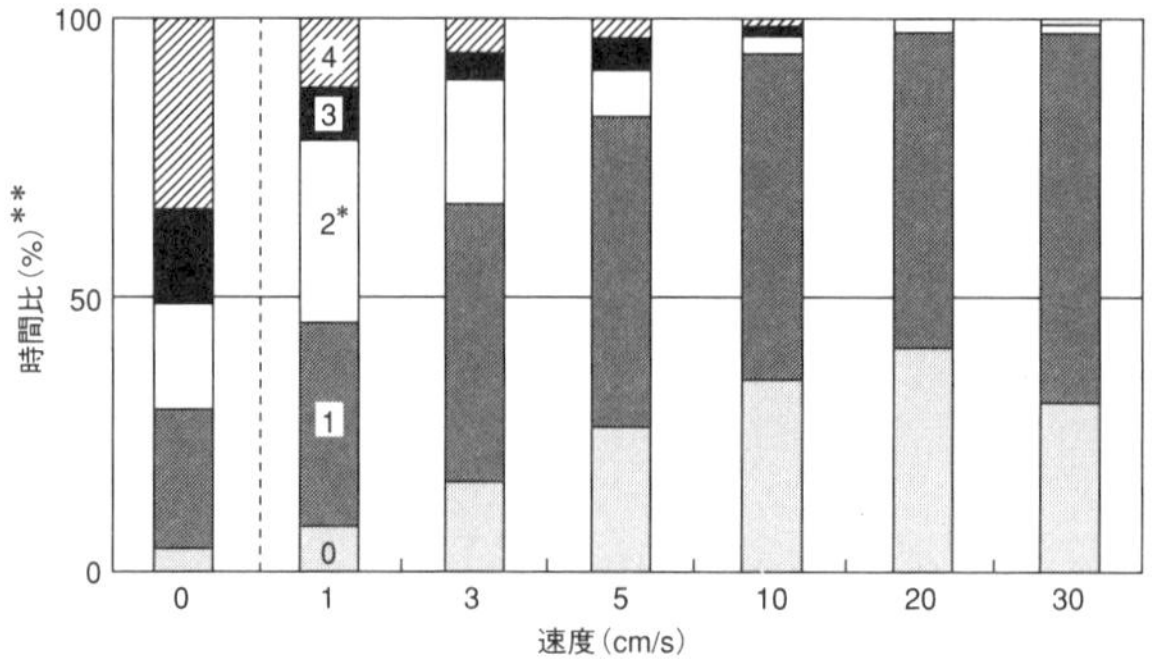

＊グラフ中の数字は図4－2の基準に対応する
＊＊脱落せずに泳いだ総時間に対する割合

毎秒一〇cmまでは余裕の泳ぎ

水温を二五℃程度に保ち、全長三cmのメダカを一尾入れる。水がたまっているだけで流れがない状態での泳ぎを三分間ビデオ記録し、終わると選手を交代させる。次に流速を毎秒一cm、三cm、五cmと徐々に大きくして、おのおの三分間の泳ぎをビデオで記録していった。

参加者全員、ゆるやかな流れではいかにも自由に、さまざまな方向に気持ちよさそうに泳ぐ。しかし、流れが速くなると次第に苦しそうになり、最後は必死に泳ぐけれどもついに力尽きて流されてしまう――思い描いていたのはそんな映像だが、結果は予想通りにはいかない。体の調子が悪いのか、毎秒三cmという低流速でも流されて、下流の網に引っかかってリタイヤしたり、流されはしないが、じっと隅っこに陣取ったまま動こうとしない、幼稚園の運動会でよく見かけそうな個体がいたりで、さまざまだ。こんな場合は明らかに例外と考えて、解析データから除外することにした。

結果は図4―3のようになった。

まず、流れがなければ各方向ほぼ均等に向くはずだが、左端のバーはそのような傾向を示している。流速が毎秒一cmになると、前を向く時間がだいぶ増える。毎秒三cmになると前を向く時間が五〇%を超える。流速ゼロのときに前を向く比率は二五%。これをベースとして、残り七五%の半分三七・五%を基準値に加えた六二・五%を境界値とすれば、それに近い。メダカの全長は約三cm。その全長とほぼ同程度の流速（水の抵抗）があるときに、メダカは流れのほうに向くかどうかが分かれるのかもしれない。これ以上で流れのほ

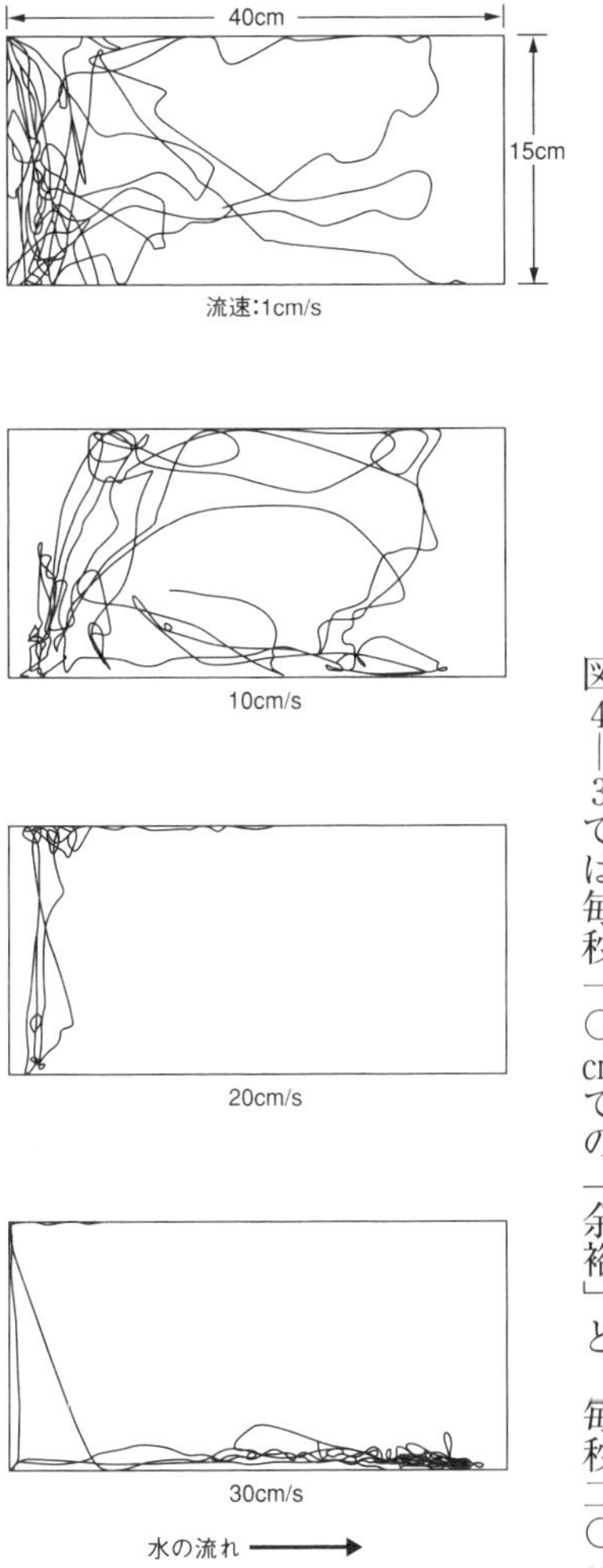

図4－4　各流速におけるメダカの移動軌跡の一例
動きはトレースできるが、しかしどちらへどう移動しているのかわからない

うを向く時間が長くなり、以下では自由に向きを変える時間が多くなる、ということである。

一方、流速が〈定位摂食〉とされるあたりの毎秒一〇cmでは、九〇％以上の時間を上流に体を向けている。しかし見た感じはそんなに苦しそうではない。まだまだ余裕がありそうだ。毎秒二〇cmになると、ほぼ一〇〇％上流のほうに体を向けたままになる。さすがに苦しそうで、ややもすると押し流される。さらに毎秒三〇cmで三分間泳ぎ続けられたのは、五尾のうちでたった一尾しかいなかった。

上流にまっすぐ体を向けている時間は、毎秒二〇cmまで増え続けるが、毎秒三〇cmになると逆に減っているのは、流れが速すぎるため体をまっすぐ定位していることすら難しいからだろう。

図4―3では毎秒一〇cmでの「余裕」と、毎秒二〇cmでの「苦しさ」がもう一つはっき

図4－5　各流速における向きと移動方向を区分した個体の移動距離

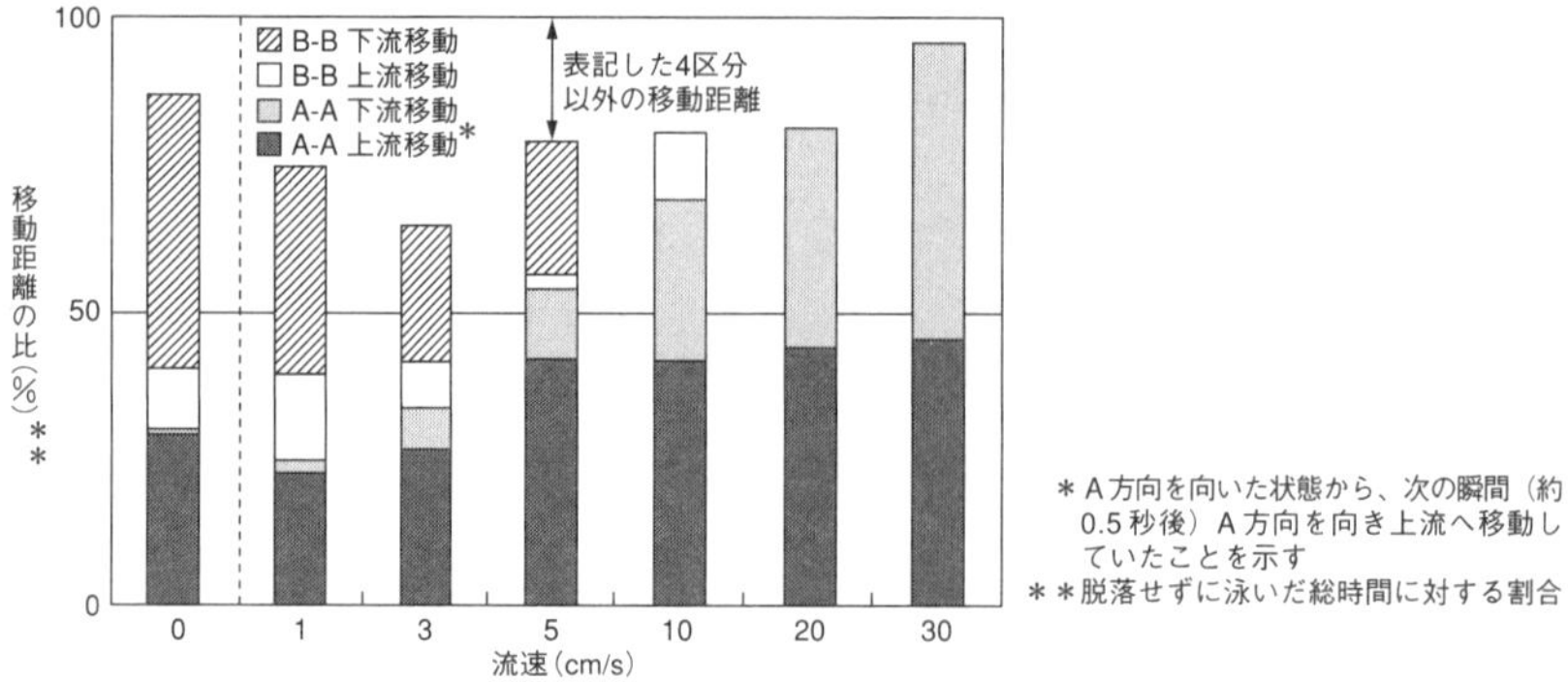

＊A方向を向いた状態から、次の瞬間（約0.5秒後）A方向を向き上流へ移動していたことを示す
＊＊脱落せずに泳いだ総時間に対する割合

り仕分けできない。実際にはこの差は歴然としている。実際の動きをトレースしてみたのが図4―4だ。これでずいぶんわかりやすくなったが、どっちへどう移動したかがわからない。そこでさらに、体の向きと移動の方向を組み合わせてデータを整理してみた。つまり、もし余裕がなくなれば、流れの方向を向いた状態のまま下流に流されるか、頑張ってふたたび上流に向かうかしかないだろう。まっすぐ上流に進むか、まっすぐ下流に後退するかのくり返しだ。余裕があればそれ以外の方向への移動が見られるはずだ。

Aは流れの方向、Bはそれ以外の方向（四九頁図4―2の0と1以外のすべての方向）として、体の向きと移動の方向を組み合わせた図4―5をつくった。これを見ると、毎秒一〇cmの流速で見られたB―B下流移動、つまり流れに対し横や下を向いての下流への移動は、毎秒二〇cmの流速になるとまったく見られなくなっている。流れが速すぎて余裕がなくなると、流れに対し前向きの状態でしか下流に移動できない。このような違いが、流れに対する余裕の有無として感じられたのだろう。

図4―5を見ると、毎秒二〇cmまでは一〇〇%との間に隙間がある。この部分はA―BやB―Aといった移動の距離で、毎秒二〇cmで二〇%程度存在する。しかし、毎秒三〇cmだとこの隙間はほとんどなくなり、流れに対し前後にまっすぐ移動するしかできない。やはり毎秒三〇cmの流速では相当に苦しく、毎秒三〇cmは限界と考えてよい。

ただこれはあとで述べるように、〈突進速度〉を流速に置き換えた肉体的な〈限界流速〉というのではなく、それ以上速い流れの場には出ていかない「生活上の限界流速」のようなものと考えるべきだ。これについてはあとでふれる。

流れに応じて変わる群れの体勢

一尾ずつの基礎体力テストの次に、集団の体力テストに取り組んだ。実験のやり方は一尾のときと同じだ。七尾を放し、流れのない状態から徐々に流速を大きくして、群れの泳ぎを観察する。

群れの状態を表現するのは個体と違ってめんどうだ。最初に群れを形づくっているかどうかという判断が必要になる。これは先に述べたように、七尾の過半数が互いに全長以内の距離に集まっているかどうかが基準になる。それ以外は、群れとしての行動とは見なさない。群れの位置は集合の中心の座標で代表させる。群れの向きは基礎体力テストのときと同じやり方で分類した。

まず、流れのない状態で観察した。このときはお互いに近い距離に位置を保ちつつも、群れとして統一した方向を向こうとしない。近くにはいるが、お互いバラバラの方向を向いている。これは考えてみれば当然で、餌が同じ方向から流れてくるわけではないのだから、とくに同じ方向を向く必要がない。例外は、ある方向から刺激が加えられた場合だろう。その瞬間、群れは刺激とは反対の方向に集団的に逃げる。しかし刺激の与え方によっては全員がてんでバラバラの方向に逃げることもある。

集団がまとまって一つの方向を向くのは、流れが生じてからだ。しかも流速を大きくするにつれて群れの形が変化する。確認できた群れの形は四つあった。

その最初のタイプ、群れてはいるが、バラバラの状態で一定の方向をもたない場合を「分

図4－6　流速と群れの形の関係

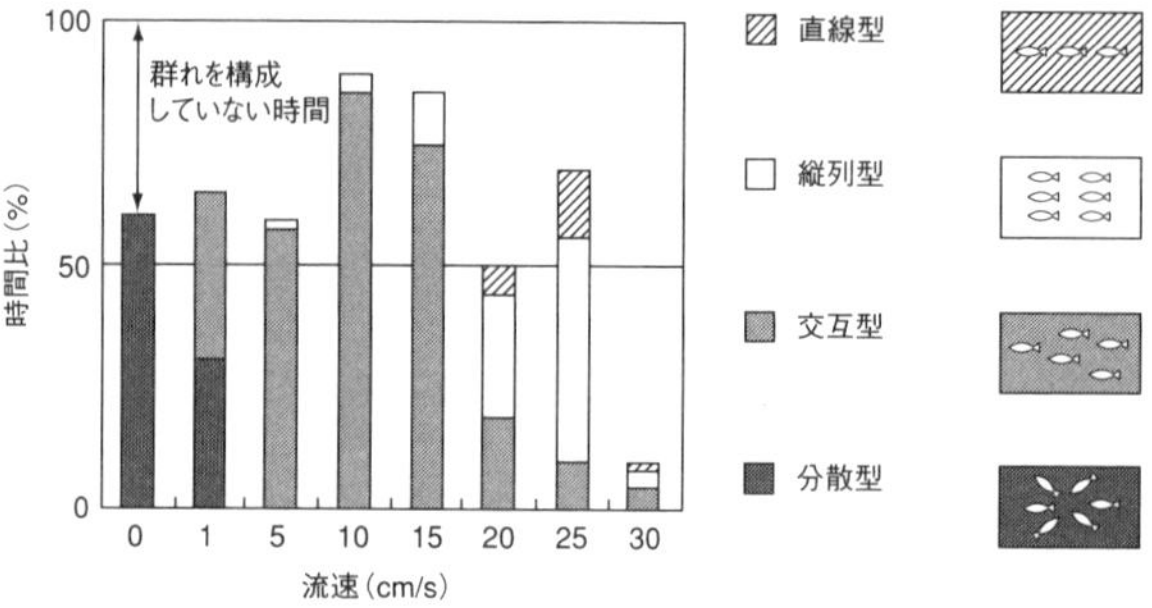

散型」と呼ぶことにする。「分散型」は流れがまったくない状態だけでなく、ごくゆるやかな流れ（毎秒一cmのとき）でも見られた。しかし毎秒五cm以上になると見られなくなる。

毎秒一cmでは、群れの典型的な型である「交互型」が現れる。この「交互型」は、全員が流れの中で一定の位置を保ち、流下してくる餌を捕るうえで都合がよい。移動する際も全員の見通しがきく利点がある。

図4―6から毎秒一cmでは群れを構成しない時間が三分の一くらいあって、残りの三分の二を「分散型」と「交互型」が等分に分けていることがわかる。ビデオで見てみると、群れてはいるがバラバラした状態からひょいと集団移動し、そこでまたバラけるといったことをくり返している。群れの向きは流れの方向とはかぎらず、「交互型」を維持する時間のうち三〇％くらいは、ほかの方向を向く余裕がある。

流速が毎秒五cmまで速くなると、「分散型」は現れなくなり、毎秒一五cmまでほとんど「交互型」で占められる。「交互型」がもっとも多いのは毎秒一〇cmのときで、群れを形づくっている時間もほかの流速に比べてもっとも長い。この付近の流速が快適かどうかはメダカ自身に聞かないとわからないが、「学校」の本領が発揮される速さに違いない。

さらに速く、流速が毎秒二〇cmになると前の個体の真後ろに別の一尾がつく第三のタイプ、「縦列型」が多くなる。このタイプは群れが速い流れに耐えにくくなると現れるが、前を泳ぐ個体が速い流れに体を安定させにくく、真後ろに付く個体も不安定にならざるを得ないため、短時間で消えてはまた現れるという状態をくり返す。「縦列型」は研究室で映像データの処理をしてくれた大学院生のO君が、「交互型」以外に前の個体の真後ろに並ぶ個体がいると報告してきて見つけることができたが、「縦列型」のピークは毎秒二五cmだ。

最後に現れるのが「直線型」である。毎秒一〇㎝で新しく現れる。「直線型」とは自転車競技でよく見られる縦一直線に並ぶ形で、強い流れに必死に耐えようとする。「へぇー上手に並べるもんだ!」と思われかもしれないが、これには壁際を泳ぐという条件がつく。壁際の流速は中心付近より一〇%ほど遅い(四八頁)。メダカは中心の速い流れに耐えられなくなると壁際に移動して泳ぎ続ける。そのとき前に位置するメダカの後について流速をやわらげようとするのだ。しかしこのような努力もむなしく、流速が毎秒三〇㎝になるともはや群れを形づくることが不可能となり、間もなく全員が速い流れに押し流されてしまう。

以上が、流速に応じたメダカの群れの四つの形だ。

避難するメダカ

メダカと流れに関する一連の実験を始める際に気になっていたことがあった。流れが速くなって耐えられなくなるまでメダカは泳ぎ続けるのか。近くに水草など速い流れを避けられる物があれば、流される前に避難するのがふつうではないのかという予想だ。

もちろん、流れが速くなくても水草の背後に進入することはあるだろうし、近づく人影に危険を感じたときにも避難する可能性はある。しかし、流速の増大に耐えきれないと感じたら、メダカは確実に避難するだろう予想したのだ。実験ではぜひこの点も確かめたいと思っていた。ちょうどこのとき先に紹介したNHKの「メダカの学校復活作戦」という番組作りの相談があり、やってみようということになった。

問題は何を避難物にするかだが、幅一五㎝という小さな水路に本物の水草は大きすぎて

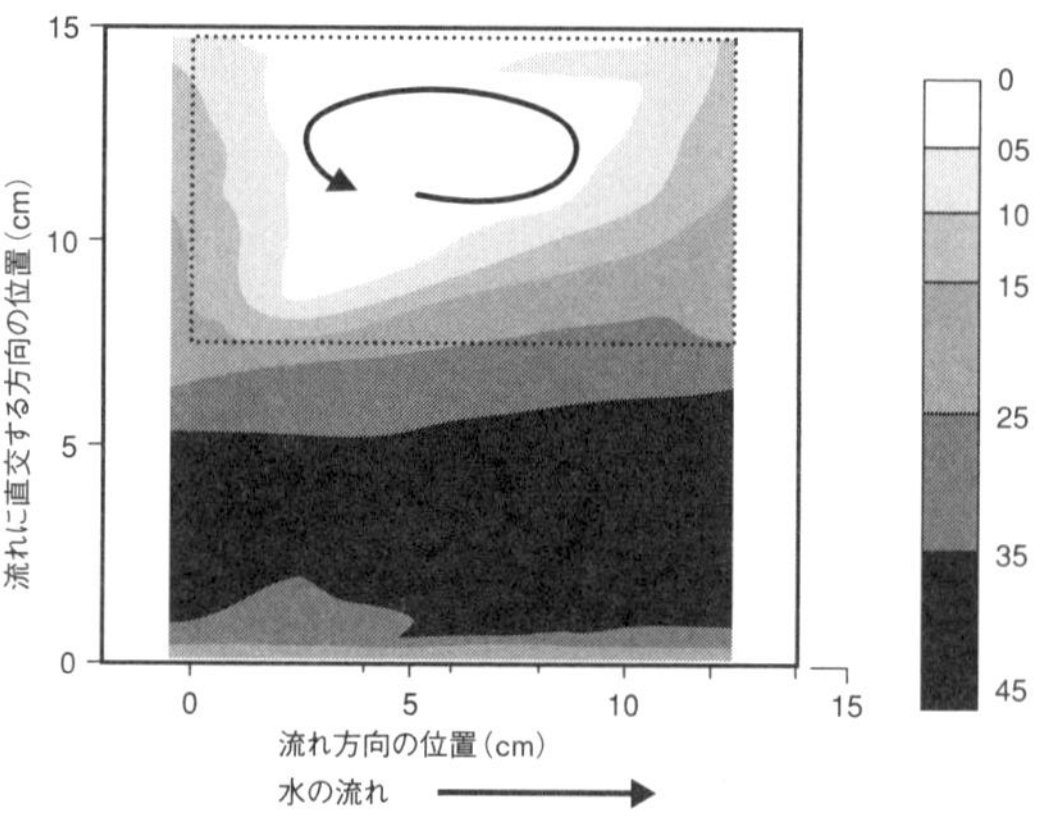

図4－7　流心部の流速を40cm/sとした場合の水草内外の流速分布
＊上部の▒は水草（上流から2つめ）の範囲を示す

図4－8　図4－7のような水流のなかでメダカが泳ぐと…

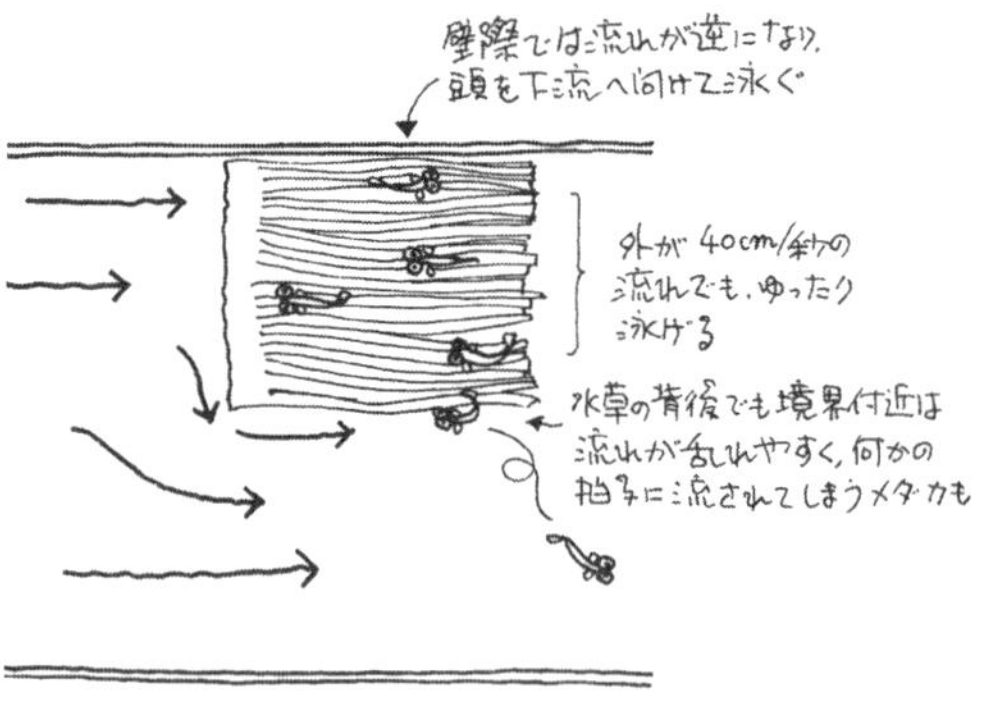

使えない。背後に流れのゆるやかな部分をつくるという水草の役割をできるだけ単純明瞭に表現しようと、全体の形が平たくて長い沈水性の水草のセキショウモを模して薄く緑色にカラーコピーしたOHPフィルムに切れ目を入れ、水の中に入れてみた（四九頁図4—1の下）。ねらいどおり、ゆらゆらめく水草の感じを出すことができた。細かい部分は私の研究室のHさんや中国から研修に来ているKさんが実にうまく細工してくれた。

　これで実験すると、模造水草の背後に流れのゆるやかな部分ができた。メダカを七尾放し、徐々に流速を上げていくと、毎回同じではないが、ある流速のあたりで水草の背後に避難することが確かめられた。これで無事、NHKの取材には応えることができたが、研究としてはできる限り定量的なデータが求められる。

　そこで、水草の外側の中心を流速の測定位置とし、二分程度で流速ゼロから毎秒四〇cmまで上げていった。上の図4—7は水路の流速が毎秒四〇cmのときの水草の外側と内側（背後）の流速を測ったものだ。外側の速い流れに対して、水草の背後には流れのゆるやかな部分ができていることがよくわかる。実験水路の中央の水草の境界付近で、下流に向かっ

図4－9　流速の増大と水草の背後に位置する個体数の変化
注）流速は群れがおもに遊泳した底から1cm上部での値を示す

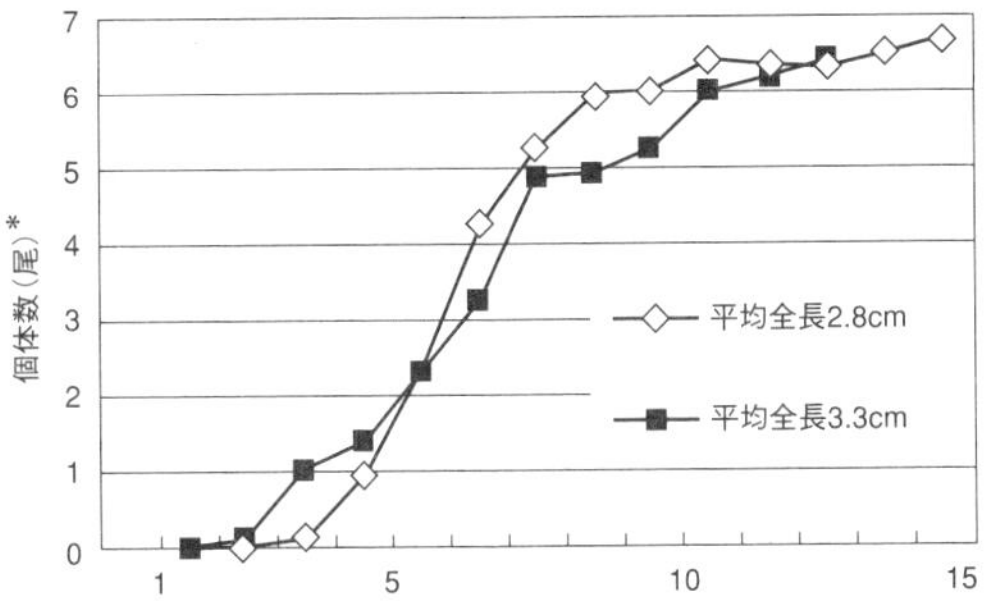

て左斜め方向の流れができ、これによって矢印で示した方向に循環流ができていた。また、水草の境界付近は毎秒二五cm以上の速い流れがあった。

この実験では、メダカを体の大きいグループと小さいグループに分け、それぞれ三回ずつ参加してもらった。流速が毎秒一〇cmでも水草の後ろに進入するのもいるし、いったん進入してふたたび出てくるのもいる。水草背後とはいえ、水路中央の水草との境界付近では流れが速く、ここにいるメダカが何かの拍子に外に飛び出すことがある。水草背後の壁際は流れが逆に上流を向くため、メダカは頭を下流に向けて泳ぐ。さすがに水草の真後ろは流れもゆるやかで、外の流速が毎秒四〇cmでもメダカはゆったり泳いでいる（図4―8）。

また、水草背後に避難する様子を見ていると、群れの一尾が避難するとほかのメダカがこれに続くというシーンが少なくなかった。七尾のうち過半数の四尾が避難するのは、体の小さいグループで毎秒一八cm、大きいグループで毎秒二二cmくらいだ。

以上をデータとして見るため、上の図4―9をつくった。横軸をメダカの全長との比で表した流速、縦軸にそのときに水草背後にいたメダカの数を示している。全長との比というのは、たとえばメダカの全長が二cmで流速が毎秒六cmなら「3」、全長が三cmで流速が毎秒三cmなら「1」ということで、流速をこのように体の長さとの比で表すことで、体の大きなものも小さなものも同じ基準で比較できる。流速が同じだと、ふつうは体が大きいもののほうが小さいものより流れの影響は小さくなる。なお、縦軸の尾数は大小のメダカグループそれぞれの平均なので、整数にはならない。

この実験は数名の学生に群れの動きを観察させ、流速と水草背後への出入りを細かく記録してもらって、その結果をまとめてもらうことにしたのだった。

ところが、群れがいつも単純明快な動きをするとはかぎらず、いったん入ってはまた出るものがいたりで、なかなかまとまりがつきそうになく、彼らもどうまとめたらよいか困惑した様子だ。確かに水草からの出入りに気をとられすぎるとまとまりがつかないが、それでは大局的に見て大切な事実を見逃してしまうことにもなりかねないと、学生たちにさらなる考察を促した。するとまもなく、「横軸に流速をとり、それぞれの流速のときに水草背後にいるメダカの数をグラフにすればよいと思う」とアイデアが出てきた。くり返しデータを採り、それらを重ね合わせてみれば傾向がつかめるのでは、という。この図4—9は学生たちのそんな議論を経てできたものだ。

これを見ると全長の七倍程度の流速のとき、過半数のメダカが水草の背後に避難することがわかる。また、全長の一〇倍以上の流速になると、一部、水草背後からの飛び出しが見られたが、ほぼ全員が避難していると考えてよいだろう。

メダカの夜と昼

さて、メダカにとって快適な流れは不可欠だ。昼間は活発に泳ぎまわって盛んに餌を食べるメダカも、日暮れとともに体を休めて明日への鋭気を養う。だから、昼間は昼間の、夜には夜の快適な流れというのが「あるはず」だ。だが残念なことに、今は昼間のことすらおろそかにされて、メダカの夜の快適性などまったく心配されてはいない。

しかしメダカは夜眠るだろうか?

メダカにかぎらず、魚が眠るかどうかは昔から議論されてきた興味深いテーマだ。仮に眠るとしても、それは人間の眠りとはかなり違っているだろう。第一、魚は流れに流されないように、たとえゆっくりでも休みなくヒレを動かし続ける必要がある。人間でも通勤電車の中で吊革につかまりながら眠る人はいるが、いくら何でもその状態で十分な睡眠を確保することはできまい。しかし、メダカはヒレを小止みなく微妙に動かしながら、ゆらゆらとした流れに身をまかせつつ、眠ったようにしている。ヒレを動かしながら眠るとは一体どういうことか？　それを眠っているといえるのかどうか？　いずれにしても、夜は体を休めるための時間帯であるのは間違いないはずだ。その実態を、「泳ぎの活発さ」という視点から調べなければ……と考えているところへ、夏休みの実習生として女子学生が二人やってきたので、じゃあ、二人にお願いしようと取り組んでもらうことにした。所内の模型工作担当のNさんとTさんにアクリル製の小さな水槽をつくってもらい、この中を小さなポンプで水を循環させ、流れの速い部分から遅い部分まで多様な流速を作り出して、夜のメダカにとってどんな速さが好みかを聞くというのが実験のねらいだ。

例によって水槽の裏に碁盤の目盛りを入れた紙を貼り付け、メダカの位置を座標として読みとれるようにして、合計一〇〇ヶ所の流速を測る。ビデオカメラとタイムラプスデッキをセットして準備完了。最近のビデオカメラは、夜間、光のない状態でも鮮明な映像が得られるので助かる。

メダカを水槽に放すと、ストレスだろうか水槽の隅でじっとして動かないもの、逆にあちこちと落ち着きなく泳ぎまわるものなど、いろいろな動きを見せる。しかし二、三日もすればそれなりに落ち着きが出てくる。そして学生たちの観察で、昼間と夜間ではやはり動きにはっきりと差が出ることが確かめられた。

図4－10　メダカの流速選好—昼夜の比較

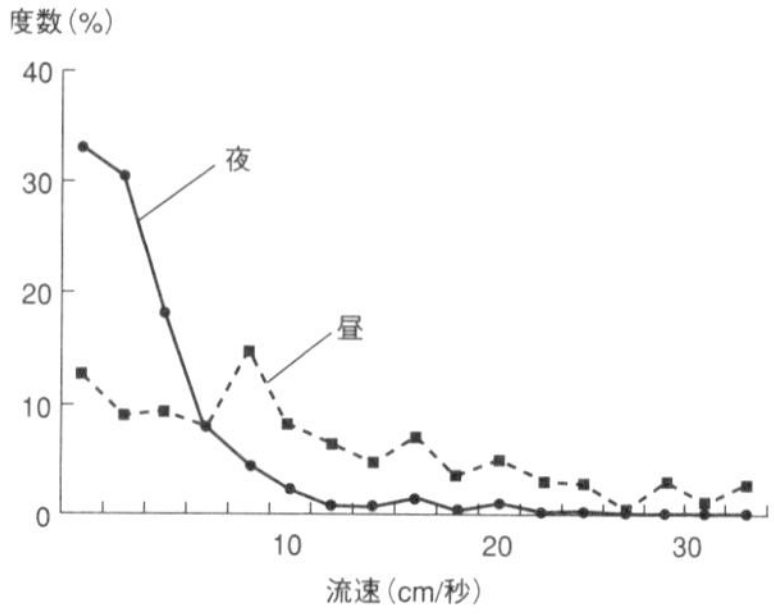

図4－11　泳ぐ距離は昼と夜で３倍も違う

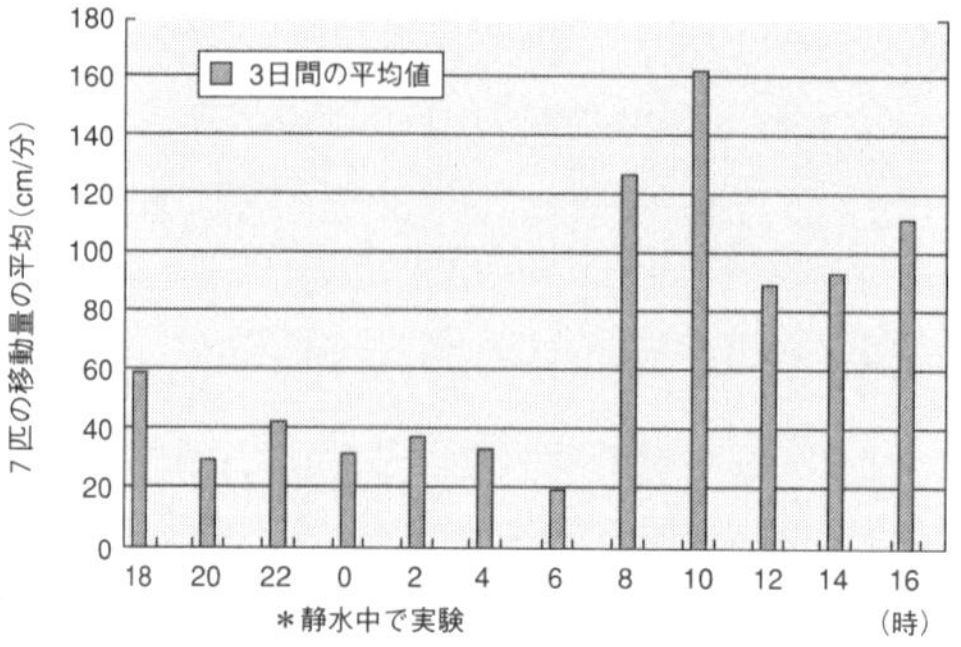

場所の好みもありそうだ。隅は流れがゆるく、壁を背に位置できるので人気が高い。また、メダカの特徴である水面近くを泳ぐ傾向がある。メダカの位置どりには流速以外に場所の好みも働いていそうだということがわかってきた。しかし、残念ながら学生たちの実習期間はここまでで時間切れ、実験も途中で中止かと思われたが、ひょんなことで助っ人が現れた。大学院生のH君である。訊くとまだ修士論文のテーマが未定だという。まごまごしているともう一年を棒に振りかねない。おしりに火がつき始めた修士二年の秋になって、メダカの実験をやるといい出した。

H君の実験のアイデアは女子学生たちが使った深さのある水槽ではなく、浅い水槽で水平方向に水の循環流を起こし、上部からビデオカメラでメダカの泳ぎを撮影して、流速に対する好みを定量的に導き出そうというものだ。

おしりに火がついたH君は、その後猛ダッシュで実験を重ね、たった二ヶ月ちょっとで実験をやり終えた。結果はなかなか興味深いものだった。

図4―10は水温が十分に高い（二五℃）状態で、大人のメダカが昼間と夜間それぞれどの流速にどの程度の時間、位置していたかをパーセンテージで表している。これを見ると、昼間はゼロから毎秒一〇cmあたりまで流速に関わりなく位置しているが、夜間は明らかに流れのごくゆるやかな状態を選んでいることがわかった。静水中で泳ぐ距離も、図4―11のとおり、昼と夜とでは三倍も違ってくる。

ここで注意したいのは、流れがまったくないとメダカは呼吸するために泳がなければいけないことだ。これは血合い筋の発達したカツオなど基礎代謝によるエネルギー消費の大きい魚にはっきりしていることだが、おそらくメダカにもいえるのではないか。ほんの少し流れがあれば、メダカは定位して酸素の溶け込んだ新鮮な水を取り込める。流れがまったくないより、ごくゆるやかにあったほうがメダカにとっては休めるのだ。

修士論文の発表会を終え、知り合いのS先生と学内の喫茶室で、「こんなんだったら、H君も修士課程の二年間もっと集中して取り組めばよかった。そうしたらもっとよい論文ができていたのに」と、物足りなさが少し混じったが、大きな安堵のコーヒーを味わった。

〈避難流速〉と〈休息適流速〉
――生活者としてのメダカに必要な流速とは

メダカは水辺に生きる「生活者」だ。その視点から、たんに遊泳可能な〈限界流速〈最大瞬間流速〉〉や〈定位摂食流速〉というだけでない、休息や安全、危険といった日常の生活に関係するキーワードで評価する流速概念が必要だと考え、さまざま見てきた。

事実、メダカは〈限界流速〉になる前にしっかりとゆるやかなところに「避難」するし、一定の流速範囲で活動する昼間と違って、夜は流れのほとんどないところを好んで位置し、「休息」することも明らかになった。私はこれらを〈避難流速〉、そして〈休息適流速〉と呼ぶことにする。

もちろん二つは、はっきりした境界値をもつ概念ではない。といって、〈定位摂食流速〉にも一応、一時間持続して泳げる流速という実験上の基準はあるが、一時間が最適かどうかは判断が難しいように、必ずしも確定したものではない。そこで、仮に水草の背後に隠れているメダカの数から〈避難流速〉を導き、〈休息適流速〉については各流速で位置す

図4－12　メダカにとっての流れの速さ（cm/秒）　＊全長３cmのメダカの場合

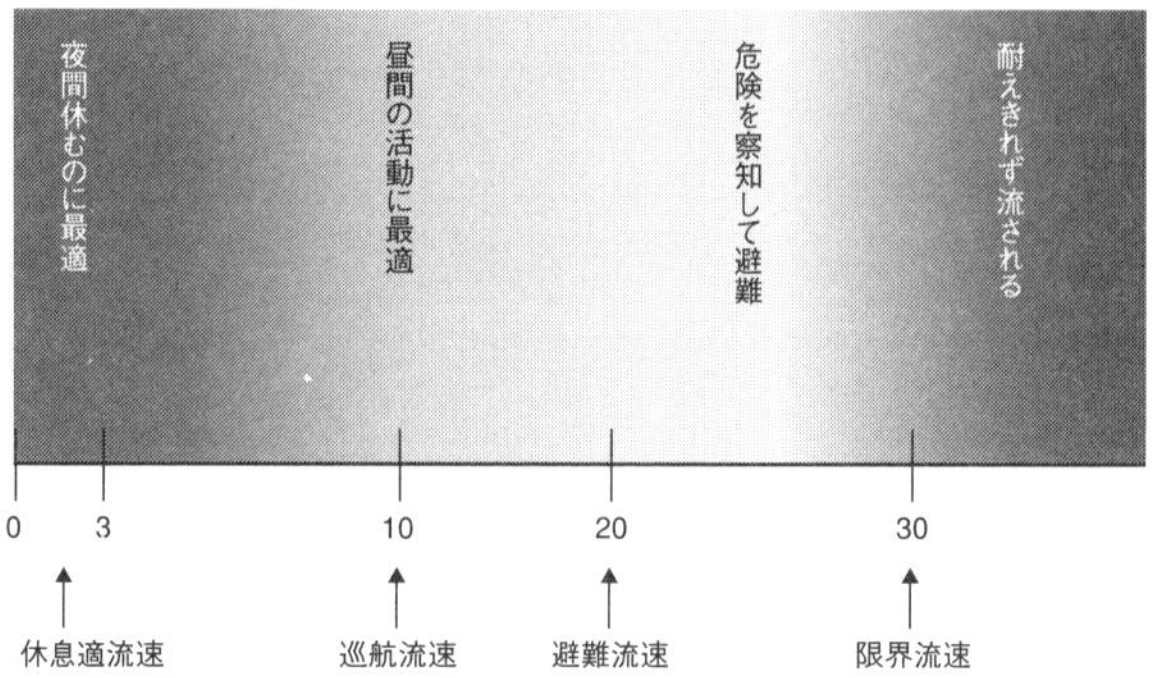

図4－13　植生がある小水路における断面流速分布
（土浦市乙戸川、2001年10月1日、植生は水路長0.5m当たりの株数）

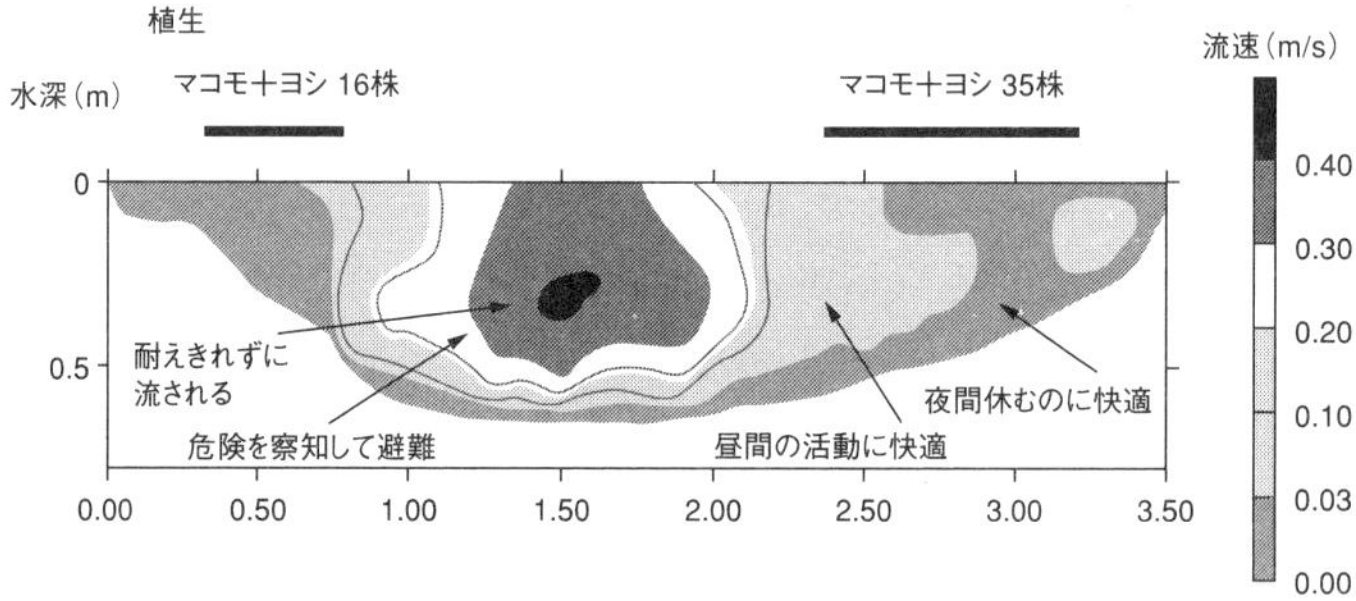

る時間のゼロからの累積和が五〇％を超えた点を基準に導くとすると、それぞれ全長三㎝のメダカで、毎秒二〇㎝と、毎秒三㎝あたりに落ち着くのだ。

また、本書でこれまで定義してきた〈限界流速〉については、メダカがそれ以上流れの速い場所には出ていかないという意味での、〈生活上の限界流速〉と呼ぶほうが適切だ。従来の肉体的・瞬間的限界能力としての突進速度に対応したメダカの〈限界流速〉は、さらに大きいはずだ。なぜなら、今回の避難実験では、全長が平均二・八㎝と三㎝よりも小さいメダカ五尾を使ったが、うち一尾が、毎秒三〇㎝の流速でも三分間の遊泳実験をもちこたえ、ほかの四尾も一分程度泳ぎ続けたからだ。このことから、メダカのいわゆる〈肉体的・瞬間的限界能力〉は全長の一〇倍より大きいはずで、一〇倍というのはやはり〈生活上の限界流速〉と呼びたい。

以上、生活者としてのメダカのための流速概念を示すと、図4―12のとおりになる。

では、実際の田んぼの脇を流れる水路の流速はどれぐらいあるのだろう。私の自宅近くを流れる小川で調べると、図4―13のとおりの流速分布が得られた。こんな流れの中でメダカはどんな一日を過ごすのか。

夜間の休息は、ヨシやマコモの生えている岸辺のほうでとっているだろう。明け方、目覚めたメダカはすぐに産卵を始める。メスは腹に卵を付けたまま水草の間を泳ぎ、卵を水草にくっつける。水温が上がる昼間は水面付近を群れになり、餌を求めて活発に遊泳する。なかには田んぼに登って新しいマイホームとして棲み始めるものもいる。

……小川の中央、流れの速い危険地帯。ここに間違って進入してしまったメダカはその速い流れに押し流されるが、危うく難をのがれてふたたびゆるやかな流れに戻り、休息する。群れに出会うと合流し、集団で行動する。日暮れが近づくともう田んぼに登ろうとするメダカはいない。夜間、水草の森のゆるやかな流れの中で、メダカは眠りにつく。それぞれの流れの場を得て、メダカは一日を暮らしていく。

五章——田んぼから脱出するメダカ

写真5－1　岡山の調査地周辺の田んぼ

田んぼに残る魚、川へ帰る魚

初夏の水入れを待ちかねたように田んぼに殺到し産卵する魚たちの調査を毎年続けながら、何年かに一度は、水が入った後の魚の育ち具合を見に出かけた。

岡山市のそのあたり一帯は魚が登る、というより、水路から魚がそのまま田んぼに入ってくる。ここでは今なお、用水と排水の両方の役割を兼ねた用排兼用のかんがいシステムが生きている。

豊かで澄みきった水は田園を潤し、土色の風景はまたたく間にみずみずしい緑の絨毯と化し、爽やかな初夏の風が頬をかすめていく。調査に出かける時期はちょうどゲンジボタルが美しく飛び交う。田んぼの畦にしゃがみ込んで、その小さな光の点滅を追いかけながら、ここは本当に自然が豊かだなぁとしみじみ思う（写真5―1）。

魚たちの産卵行動の観察からひと月ほどたった。

濃密で激しい一夜のからみ愛によってこの世に誕生したナマズの子や、一どきにどっと入り乱れて産みつけられたコイの子、見事な盆踊りを披露してくれたフナの子たちは皆、どうしているだろう？　どこまで成長したのか？　……ああ、いるいる。三㎝ほどのまるで鯛焼きのような丸い形をしたフナの子が数え切れないほどイナ株の間に見え隠れしている。夜行性のナマズは昼間は目立たないが、これもすでに五㎝ほどに成長し、上あごから伸びた二本のヒゲもなかなか立派だ。ナマズはもうすぐ、田んぼから出ていくだろうな……。

しかしコイの姿は見えない。すでに田んぼから本来の棲みかの大川に出ていったあとのようだ。コイやナマズのような大型魚は、田んぼに来て産卵しても、すぐに出ていき、元の広い棲みかに戻る。彼らに田んぼは狭すぎる。そのことを彼らはちゃんと知っていて、生まれた子もある程度成長した段階で広い水域へ移動する。

この点、小型魚のメダカが田んぼから出ていかないのと対照的だ。メダカは田んぼをマイホームにする。

干上がる田んぼ

その年も毎年恒例の産卵行動の調査からひと月たち、その後の魚たちの様子を確かめるために、岡山まで出かけてみた。

着いてみて驚いた。「あれれ、田んぼの水がなくなりかけてる!!」。いつも見ている田んぼから最後の残り水がチョロチョロと流れ、半ば干上がりかけていたのだ。イネがある程度成長すると穂の数を揃えるなどの理由から田んぼの水を落とし、土を乾かす。これを「中干し」というが、今日がちょうどその初めにあたったようだ。

田んぼの奥のほうを覗いてみると、あちこちに小さな水たまりができていてフナやナマズが孤立し、また水がほとんどなくなった場所ではパタパタと必死で跳ねている。

もう一ヶ所、いつもの観察田から少し離れた別の田んぼに廻ってみると、そこでもチョロチョロと水が排水口から出ているのみだ。ここには以前、フナがたくさん入り込んでいるのを見たことがある。確かメダカの群れもいたはずだ。残った水たまりはまだ比較的大

写真5－2　中干しで干からびた子ブナ、ナマズ
排水口との段差のせいで水がハケず、取り残されてしまったのだ

きいものの、ここもいずれ干からびてしまうのは間違いない。排水口の近くには水流でえぐれた深みがあり、逃げ遅れたナマズが潜んでいた。

さらにもう一ヶ所、学校の裏手にまわってみた。こっちの田んぼもやはり落水のため、逃げ遅れて干からびかけたフナやナマズが排水口付近にかたまっていた（写真5―2）。奥にはもっと多くの魚の屍が横たわっているのだろう。

田んぼを見まわりながら気づいたのは、排水口の仕切り面が魚たちの脱出の妨げになっていることだ。もう少し田んぼの地面に合わせて低くできなかったかなぁと思う。地面よりほんの少しだが高いために中干しの水が最後までぬけず、落水口付近に滞水する。その後は蒸発や浸透だけで水がなくなっていくので、魚は水の流れに沿った逃げ道を失うことになる。このことは落水時に魚を田んぼから逃がしてやるために非常に重要だ。

さて、メダカである。コイやナマズと違い、田んぼをマイホームとするメダカは、落水の際にも逃げようとせず、ただ死を待つだけだろうか。

メダカとフナの数を推定する

このあとで紹介するが、私は霞ヶ浦畔の田んぼに「魚道」を付け、魚を登らせる実験を行なってきた。ここでは中干しはしないが、毎年八月のお盆の頃になると、隣で田んぼをつくる農家の方から、そろそろ田んぼを乾かしたいのだが、といわれる。イネ刈りのための準備である。お隣が干すとなると、私の田んぼも水を落とさざるをえなくなる。

この頃の田んぼの水温は三〇℃を超える。ちょっと触ると熱いくらいだが、元々熱帯が

写真5－3　田んぼに居残るメダカ

故郷のメダカはそんなのへっちゃらとばかり、まだまだ産卵の真っ最中だ。そして新しく生まれた子も交えて、「学校」よろしく群れになって気持ちよく泳いでいる。田んぼから出ていく様子など全然ない（写真5―3）。

この時点で、一度メダカとフナの生息数を押さえておくべきだろうと考え、かなりめんどうだが、生息数の推定試験を行なった。方法は単純明快だが、誤差は大きいし、作業も大変だ。フナはまだしも、メダカをマーキングするのがなかなか難しい。あれこれ考えたあげく、尾ひれをほんの少しカットしてマーク個体とした。泳ぎに影響はなさそうだし、ひれはそのうちまた再生するのでお許しいただこう。

推定の方法はこうだ。もし、九〇尾いるところに一〇尾のマーク個体を放すと全体で一〇〇尾になるが、一〇〇尾が完全に混じり合っていたら、マーク個体と非マーク個体との比は一対九になるはずだ。これを逆に考えると、一〇尾のマーク個体を放した後もう一度捕獲した結果、マーク個体が二尾と非マーク個体が一八尾であれば、全体の数は（2＋18）＊10／2＝100となる。マーキングして放したメダカやフナが完全に非マーク個体と混じり合うかは保証の限りではないが、ほかにいい推定方法がないので仕方がない。

結果、田んぼの面積一〇〇〇㎡あたりに換算して、メダカ二万六〇〇〇尾、フナ一万八〇〇〇尾だった。実感より少ない気がしたが、フナはすでに全長四㎝程度まで成長しているし、またサギに食べられているだろうし、あまり数字にこだわってもいけない。いずれしても、田んぼが魚を養う潜在的能力は相当大きいといってよいのではないか。

表5－1　日中、メダカは上流に向かう

時刻	かんがい水路へ上り			排水路へ下り		
	メダカ	フナ	その他	メダカ	フナ	その他
9:00〜12:00	1717	31	7	127	4	7
〜15:00	205	10	19	19	11	2
〜18:00	1	0	4	1	0	4
〜21:00	0	0	1	0	0	1
〜 0:00	0	0	2	0	0	4
〜 3:00	10	1	1	0	0	0
〜 6:00	27	15	1	0	1	9
〜 9:00	263	9	5	9	0	6

（美浦、2000年9月8日）

旅するメダカ

お盆を過ぎても気持ちよさそうに泳ぐメダカを眺める。このあと突然訪れる落水地獄を思うと、彼らが田んぼに登って暮らす手助けをしたことがかえってあだとなるように思えてくる。

メダカは本当にこのまま田んぼから出ていかないのか？

私は、排水口となる「魚道」の最上段の越流部にトラップを仕掛け、どの程度の数が出ていくか調べてみた。調査はお盆より前の、七月から何度か行なったが、結果はどれも似たようなものだった。下流への流れに乗って出ていくものは確かにいる。フナも含め一〇〇尾以上の日がたまにある一方、ほとんどゼロの日もあり、平均するとやはりたいした数ではなかった。メダカはやはり能動的には下流側にあまり移動しないのではないか。仮に一日五〇尾が出ていくとすると、五月から八月までの四カ月で六〇〇〇尾程度になるが、田んぼが魚を養う能力からほど遠い数字ではないか。

確かにメダカにとって田んぼはとても棲み心地のいい場所に違いない。しかし私たちが人生の節目節目で住む場所を変えるように、生まれてからずっと死ぬまで田んぼに居続けることは少ないのではないか。実際に田んぼからあまり出ていかないのはなぜだろう。出て行かないのでなく、出て行きたくても行けないのではないか。

私には察しがついていた。

今の田んぼは、水が流れてくる上流側には蛇口が付いているのが一般的だ。蛇口からパ

図5－1　水田内のメダカの移動方向―下るより上る
（研究所内の2.1haの水田）

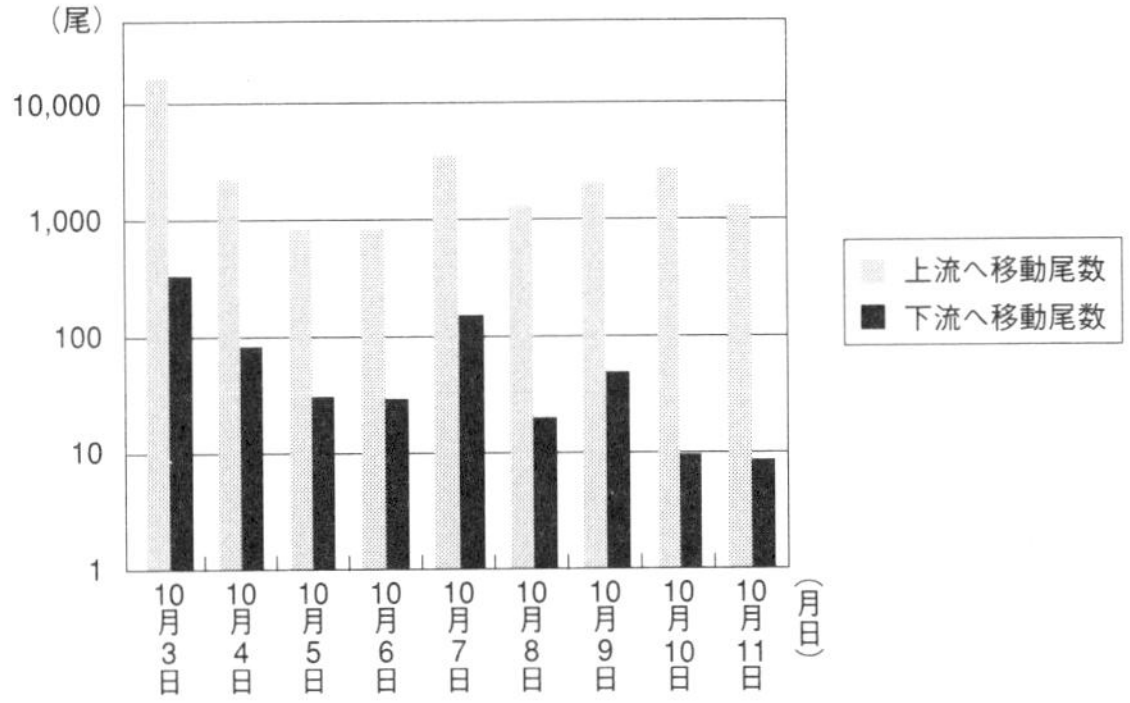

イプの中を登っていくことはできない。流れの上流をめざす進路を塞がれたことが、メダカが出るに出られない理由なのだ。これがもし、今のように地中に埋めたパイプでなく、開水路（地面に開いた水路）から田んぼに水が運ばれているのだったら、メダカは新天地をめざして田んぼを出て行くに違いない。メダカにとって流れの上流に向かうことは、種として生息域を維持し、拡げるために必要な行動なのだから……。

実験で確かめてみることにした。試験地の中を仕切って小さな水路をつくり、そこから水を田んぼに入れてみた。メダカは見事上流に向かって移動し出した。「魚道」から下流に出るのもいるが、上流に移動するのに比べごくわずかだ。一日の時間変化も調べてみたが、メダカは夕方になるとピタッと動きを止めた。規則正しい生活パターンだ。やはりメダカは田んぼをよき棲みかにするとともに、新天地を求めて旅する魚でもあった（表5―1）。

興味深かったのは、水を流し始めた直後のメダカの反応だ。にわかづくりのかんがい水路からどっと水を流すと、静止していた水面がにわかに波だち、流入水によって水の動きが急変したことがメダカを刺激したように思えたのだ。あとで、研究所内の大きな田んぼで実験を行なっても、開始直後のメダカの反応は同じだった。急激な増水に対して水が来る方向、上流に移動するという反応を示すことがわかった。この反応は、実験後しばらくすると落ち着いたが、上流への移動は下流へのそれに比べてケタ違いに多いのは変わらなかった（図5―1）。

必死に逃げ出す仔ブナ

地上にかんがい水路（開水路）を付けてやれば、メダカは田んぼを出て、新天地を求める旅路につける。しかし、今さら蛇口から田んぼに水を入れる便利さを手放すわけにいかないし、もはやかんがい水路の上流域にメダカの新天地が約束されているわけでもない。今のかんがい用の水路の多くはコンクリート製で流れは速く、ほとんどメダカが泳げる環境ではないからだ。気の毒だが、メダカには排水口から下流へと出ていってもらうしかない。せめてその脱出にうまく手を貸すことができるかどうかだ。

たとえば、田面にゆるやかな傾斜をつけてやる。落水とともに徐々に水が低いほうへ動き、メダカも一緒に移動できる。低いほうの畦に沿って溝を掘っておけば効果的に魚を集めて、簡単に田んぼから排水路へ出してやることができる。実際にこれを私の「魚道」試験の田んぼで試したことがある。落水を始めて、溝に流れ込む田んぼの水がなくなりかけた頃だ。イナ株の後ろから必死に脱出してくる一尾の子ブナが目に入った。仔ブナと目があったわけではない。が、決死の思いで泳ぐあの真剣な姿に感動した。仔ブナは自分の意志で、生き延びる可能性を求めてわずかな流れを下ってきたと、私は確信したのだ。

私はそれまで中干しやイネ刈り前の落水によって、田んぼの魚はほぼ全滅に近い打撃を受けるのではないかと恐れていた。しかし彼らには案外高度な脱出能力が備わっているのかもしれないと思うようになった。

田んぼから突然水を落とされたメダカがどれくらい生きて排水口から脱出できるか。メダカには大変申し訳ないが、今度は干上がる田んぼからの脱出実験に参加してもらうことにした。

メダカは脱出できるか

実験は後述の水質浄化を兼ねたイネの栽培試験と併せて行ない、試験地を四つに区分けした。一つの区に広さは奥行き一八m、幅八mで約一五〇㎡である。四つは、田面に傾斜をつけた区と水平な区に分け、さらにそれぞれを初期除草剤のみ使用した区と農薬をまったく使用しない区に分けた。ここで合計四回実験を行なった。

実験の手順は簡単だ。各試験区の排水口を閉じて水を入れ、一定の水深に達したところで給水を止める。次に各区で全体にメダカが分散するように、九ヶ所に分けて同じ数だけ放す。メダカを同じ数だけ放し、直後に排水口を開き、水を落として、脱出したメダカを仕掛け網でトラップする。

その結果は、水平な区（以下、水平区）で水深を五cmにした場合、約六割のメダカが脱出した。これに対し傾斜をつけた区（以下、傾斜区）では、同じ平均水深五cmで九割近い数が脱出に成功した。傾斜の効果は明らかだった。除草剤を使用しなかった水平区は、コナギなどの水草が地面を覆い隠すくらいに繁り、水の流れが把握できない。おそらく落水時の水の流れ方は違うはずだが、結果はあまり変わらなかった。

除草剤を使用した水平区では、水深を倍の一〇cmにしてもう一度実験を行なった。結果は、水深五cmで傾斜をつけた場合と同程度となり、脱出効果を高めた。水が深ければそれ

写真5－4　メダカ脱出試験を行なった美浦試験地の産卵床

だけ水深の変化も感じ取りやすく、メダカも脱出への意識を目覚めさせられるのだろう。

残念なのは田んぼの中の様子が全然見えなかったことだ。そこで「魚道」の上流につくっていた産卵床（一〇二頁で紹介）で実験してみることにした。ここならほかの魚の落水時の動きも一緒に観察できる。産卵床は六〇㎡程度の小さなごく浅い池になっている（写真5―4）。水を落としても所々に水たまりができ、ここに取り残される魚もいるが、落水の際の魚の様子が観察できればよいので、そのまま実験を行なった。

「魚道」の最上段の壁を切り欠いて、ドッと勢いよく水を抜き始めた。しばらくは水の勢いが強くてトラップを設置することができないが、数分もするとだいぶ勢いが弱まってくる。産卵床の面積が六〇㎡と狭いので水位低下が速く、間もなくメダカの様子があらわになってきた。すでに相当大きな群れになって下流へと移動してきている。

排水開始から三〇分も経っただろうか？　メダカは一大集団を形成して田んぼの排水口に付けた「魚道」の直前まで降下してきた。しばらくは水が落ち込む直前で躊躇しているようにも感じられたが、そのうち上流を向いたままお尻から落ちていくもの、勇敢にも頭からダイブするもの、それぞれに脱出を図っている。

メダカは群れに出会えば合流し、群れが群れに出会うと合流して一つのより大きな群れになる。このような集団化は危険に対する防衛手段として、生物全般にそなわった行動パターンだ。この実験のように突然急激に水がなくなり始めて、危機を察知したメダカはまさしくすみやかに集団化して下流側へと脱出する様子がよくわかった。

田んぼに比べて凹みが少ないこともあってか、結果は九八％の脱出率で、ほぼ全員が脱出に成功した。

図5－2　落水時に脱出したメダカの数（420尾放流）

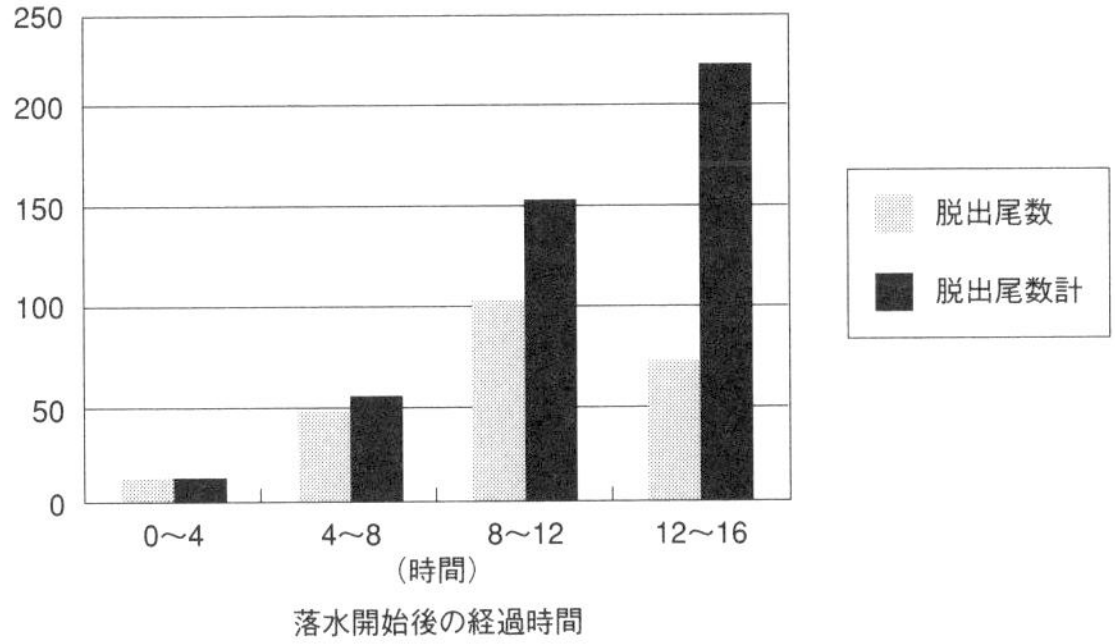

標準の大きさの田んぼでは成功率五割

しかし田んぼが小さければ、それだけ脱出は容易なはずだ。もっと大きな標準的田んぼとは違うのではないかと考え、研究所内の田んぼ（幅三〇m×奥行き一〇〇m）でも実験してみた。イネ刈りの直前だったが、担当研究室のF室長は田んぼに水を入れることを快く了解してくれた。

今度は水深を一〇cmとし、学生たちに手伝ってもらって、四二〇尾のメダカを十数ヶ所に分けてばらまいた。田んぼが広く、排水が完全になくなるまで半日程度要したので、四時間ごとのサンプリングを行ない、脱出数の時間的変化を把握した（図5―2）。

メダカが盛んに脱出するのは、あらかた水がなくなり、排水口からチョロチョロとわずかに流れている状態になってからだ。排水が始まってしばらくは急激に水位が下がるが、はっきりした水流が生じないため、メダカも向かうべき方向を定めかねているようだ。水が少なくなると、田んぼのあちこちにごく小さな流れができる。すでに十分すぎるほど危機を察知したメダカは、下流に向かってしだいに大きな集団を形成しながら命がけの脱出を試みる。脱出に成功したのは五割強だ。小さな田んぼに比べやはり脱出率は低くなった。この結果を喜ぶべきか悲しむべきか。

実際の田んぼでもメダカを助ける方法はいろいろある。先ほど紹介した田面に傾斜をつけるのもよいし、ところどころ溝を掘るのもよい。給水栓の蛇口のそばに小さな池を掘れば効果的に魚を集めることができる。ただしサギなどのエサ場になる危険性があるので、鳥ではなく魚を守りたい方は注意が必要だ。私は、上からの落水に向かってジャンプする習性を利用したジャンプ水槽をつくり、フナやメダカをジャンプさせてそのまま排水路に戻してやるという実験も試みた。結果はまずまずだった。何らかの手だてを講じれば、それだけ多くのメダカは助けられるが、農家の負担もそれだけ増える。田んぼに傾斜をつけるだけで一〇ａ（一〇〇〇㎡）当たり三万円ほどかかった。

しかし、一〇㎝という深さから落水するだけでも五割のメダカが救える。水が完全になくなる前にもう一度水を貯め、再度落水すれば、さらに残りの五割が救える可能性がある。言うほど簡単ではないが、できるだけ農家の負担にならない方法で何とか田んぼのメダカを水路に返し、そのうちにまた田んぼに戻って繁殖してもらう、そんな関係を取り戻してやりたいと思う。

実のところそうした思いで取り組んできたのが、これまでくり返し述べてきた「魚道」づくりなのだ。メダカ以外にコイやフナ、ナマズにも田んぼとの往き来を復活させたいと考えてやってきた。次の章で詳しく紹介しよう。

六章

田んぼに「魚道」をつける

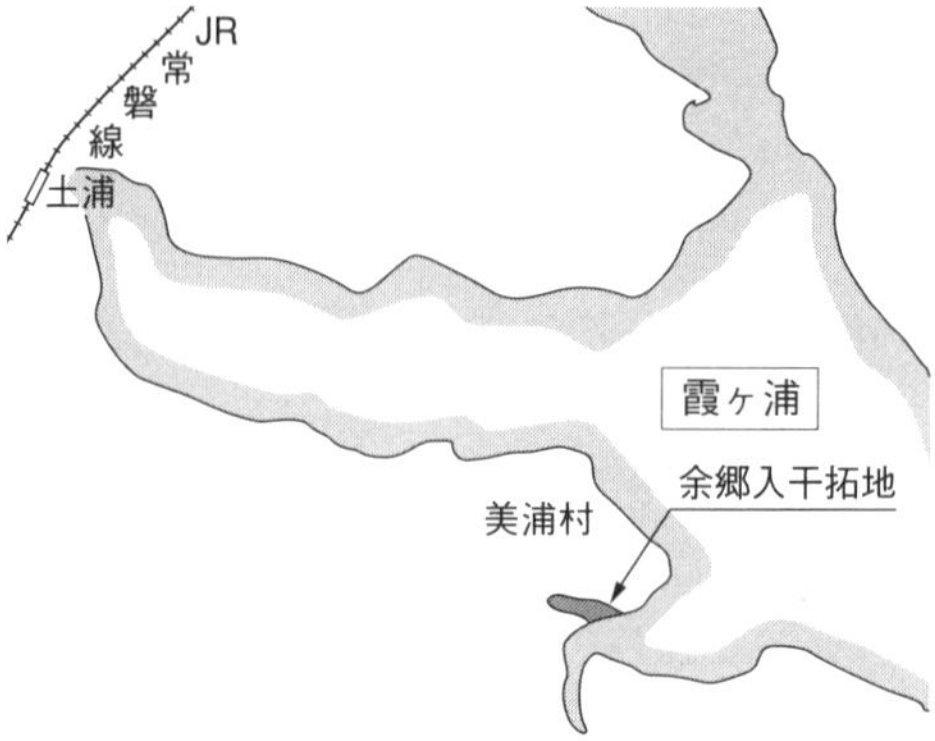

図6－1　余郷入試験地の位置

余郷入干拓地

田んぼの魚たちの調査を続けるうち、いつか魚たちが田んぼと周辺の水路をもっと自由に往き来できるようにしてやれないか、と考えるようになっていた。

それも、田んぼを乾かすという方向で進んできた技術を一方的に否定するのでなく、必要に応じて畑としても利用できるなど、今の減反の時代に合い、かつ農家の利便性も損なわない方法が必要だ。その一つが魚の道、「魚道」だ。

「魚道」というと、一般には河川内の魚の往き来を確保するために設置される階段状の施設などがイメージされる。音を立てて勢いよく流れ落ちる水をものともせずにサケやアユが飛び越えていく姿はとても躍動的だ。私が考えたのはこの田んぼ版である。田んぼにつける「魚道」も、川に付けるものより規模が小さくなるだけで、落差による移動障害を解消するという考え方はまったく同じだ。水量が少なく、流れがゆるやかなだけ、設計の際に重視される「魚道」勾配を比較的大きく取れるといった違いはあるが。

「魚道」の試験ができる田んぼを探して、霞ヶ浦の周辺を見てまわった。

ポイントは田んぼの脇の水路に、魚がいるかどうか。いくら立派な「魚道」をつけても魚がいなければ試験にならない。また、できればいろんな種類の魚がいるのが望ましいが、これはその水路が川や湖とうまくつながっているかどうかにかかっている。うまくというのは、魚が移動できる状態にあるという意味だ。

現実には、この条件を満たす田んぼは少ない。思うような田んぼはなかなか見つからな

写真6－1　美浦試験地とその右手向こうに広がる余郷入干拓地
観測小屋の左奥は、干拓地の排水機場。その左はもう霞ヶ浦だ。

かった。圃場整備が終わったところは、まず例外なく田んぼの排水が最後に川に注ぐところでガクンと滝のように大きな落差がついている。この落差は、大雨が降って川の水かさが増しても田んぼ側に水が流れ込まないようにするためで、さらに水門も付けられている。このほかにも田んぼをめぐる水路の途中で、いろいろな障害物（落差）が魚の移動を妨げている。そうした状況を見ながら三ヶ月ほど探しまわってようやく見つけたのが、霞ヶ浦に接する余郷入《よごいり》干拓地だった（図6—1、写真6—1）。

干拓地は湖岸の入り江のようなところを堤防で締め切ってつくられる。元は湖の底だったため、堤防で周囲を囲わないと湖水が浸入してしまうし、排水はポンプに頼らざるを得ない。その代わりかんがい水は簡単に取り入れることができる

余郷入干拓地のかんがい水を供給するのは周囲を囲む堤防沿いの水路で、水門を介して霞ヶ浦とつながっている。水門は、イネを育てる四月から九月の間は大雨で湖の水位が上がりすぎないかぎり開け放しで、湖水がつねに水路に流入している。

ここだ！　と思った私は、適地探しで協力してもらった茨城県職員の鬼沢治行さんと一緒にここの干拓地の水管理を行なっている蔵後・余郷入土地改良区に出向き、早速相談に乗ってもらった。

ただ、私が実際に試験しようと思ったのは干拓地内の田んぼでなく、かんがい水路の外側に沿った田んぼだ。魚を登らせる田んぼは水路より高くないと意味がない。しかし、あまり高くなりすぎても「魚道」を付けるのが大変になる。現場を見に行った八月の時点ではまだ水門は開いていて水が流れ込んでいたが、水面と田んぼとの差は四〇cmほどだった。これならたいした作業もなしに試験の準備ができる。生産調整で休耕している一〇a程度

の田んぼも見つかり、貸して頂けることになった。その農家が冒頭で紹介した田崎興さんだ。

適地を探して三ヶ月、ようやく田んぼに魚を登らせる「魚類遡上試験」の見通しが立った。

魚を登らせる仕組み

私が当初考えていたのは、田んぼに接する小さな排水路を「魚道」化するものだった。排水路の水位をセキ板で少しずつ上げ、田んぼとの高低差をぎりぎりまで縮めて水を越流させ、魚を往来させようというものだった。

しかしこの方法だと、排水路の水位上昇が一枚の田んぼにかぎらず広範囲に及び、大雨のときの浸水が心配だ。また、排水路を半永久的施設として魚道化すると魚が登る田んぼが固定されてしまい、特定の農家に長期間にわたり大きな負担をかけ続けることにもなる。このため、現場の技術者や農家の理解と協力を得るのがとても困難に思えた。

そこで、排水路はいじらずに、田んぼに直に「魚道」を付けるやり方を考え、それができる適地を探して見つけたのが、余郷入の試験地だった。しかし、排水路を魚道化する構想は私の頭から消えることはなく、その後もっと実現可能な簡易なものとして、琵琶湖沿岸の水田地帯で試すことになるが、この話はあとでまたふれよう。

さて、現在ではさまざまな「魚道」が提案され、使われている。大別するとプールタイプとストリームタイプ、それにオペレーション（エレベーター）タイプがある。プールタ

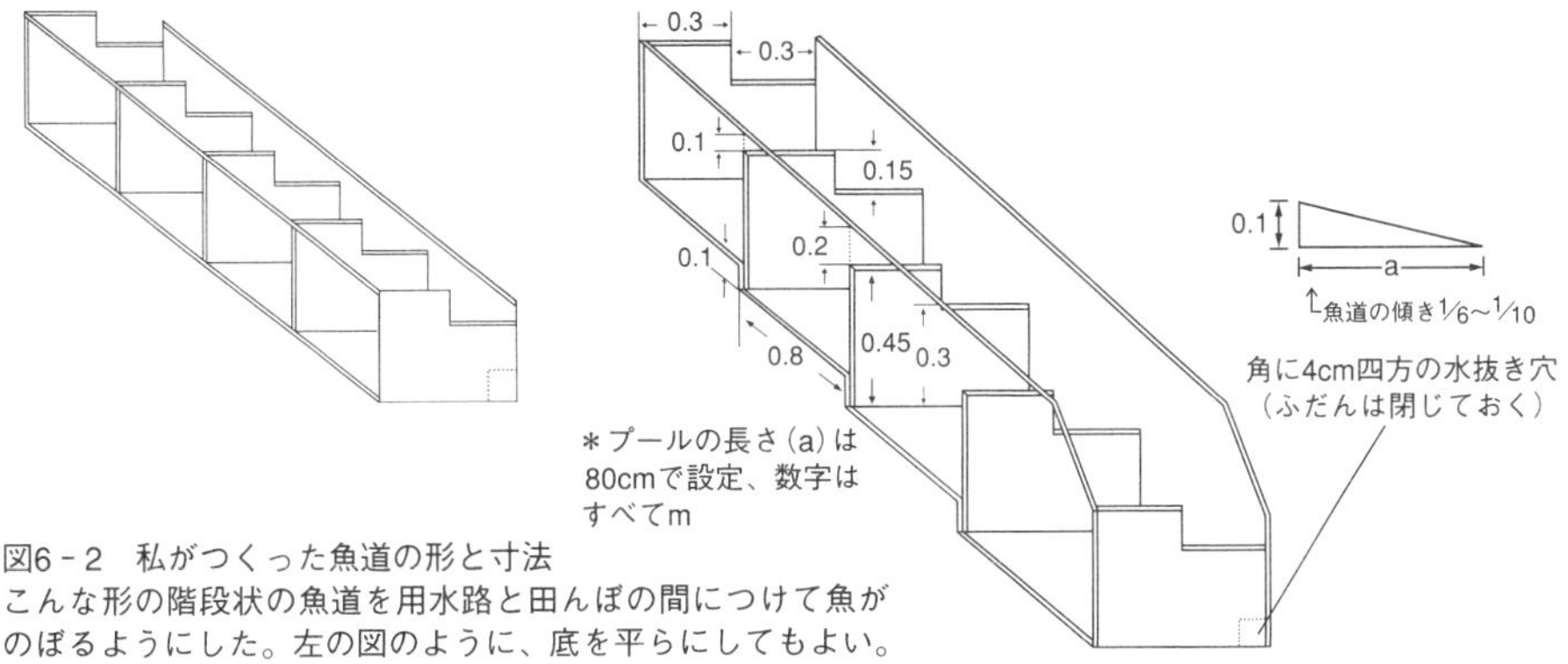

図6－2　私がつくった魚道の形と寸法
こんな形の階段状の魚道を用水路と田んぼの間につけて魚がのぼるようにした。左の図のように、底を平らにしてもよい。

イプは階段状にプールを何段か並べたもの、ストリームタイプは流れに障害物を置いて流速を弱めたもの、オペレーションタイプは、たとえば閘門操作で魚を運ぶものだ。

　このうち私が考えたのはプールタイプと呼ばれるものだ（図6―2）。岡山県の田んぼで水路をジャンプする魚の観察から思い付いたが、プール一つの段差をどれぐらいにすればよいかで少し悩んだ。コイやナマズ、フナなら二〇cmぐらい何なく乗り越えられるはずだが、メダカはたぶん無理だ。一〇cmならメダカは登れるかもしれないが、ドジョウはわからない。いったい何cmならコイ、フナからメダカ、ドジョウ、とにかく田んぼを必要とする魚たちが皆登れるか。全部登れて初めて「魚道」なのだし、そうでなければあまり大きな意味はない。

　単純には、段差をうんと小さくすればいいわけだが、そうすると今度は「魚道」全体が長くなる。傾きのゆるやかな長い「魚道」でも悪くはないけれど、あまり大きくなっても困るのだ。問題は勾配をどの程度にとるか、一つひとつのプールの大きさ（隔壁と隔壁との距離、図6―2のa）をどうするかだった。

　だがこれは、やってみるしかなかった。仮に、コイの体長を四〇cmとしてプールをその倍の八〇cmにすれば、段差一〇cmで勾配は八分の一だ。まずこれぐらいでやってみて、だめならもう少し段差を小さくすればいい。一〇分の一勾配、段差八cmくらいまでは許容範囲と考え、とりあえずこれで取り組むことにした。

　一方、プールの幅は六〇cmもあればいいだろう。そのうちコイの体長の半分の二〇cmを魚が登る越流部分とし、残りの四〇cmを隔壁として流れのゆるやかな部分を十分確保して、魚が休息できるようにする。深さは、コイがジャンプする体勢を整えるのに十分な三〇cm

写真6－2　期待をこめて「魚道」を設置する

とした。

こうして田んぼに付ける「魚道」ができた。田んぼの「魚道」なんて日本では初めて、ということはきっと世界でも初めての試みに違いない（写真6―2）。

隔壁の形のいろいろ

ところでプールタイプの魚道は隔壁によって上下のプールが仕切られるが、この隔壁を正面から見ると、図6―3のようにいろいろな形が考えられる。

①は、隔壁の幅全部を越流させる。ほかの形に比べ多くの水量を流せるが、プール内に流れのゆるやかな部分がないため、魚が休めない。②は、非越流部を確保して魚が休めるように工夫されている。私がつくったのはこのタイプだ。③は、隔壁を斜めにカットして少水量時に流れをまとめることで、流水の刺激を魚に与えることができる。このタイプは、東京農工大学の鈴木さん、宇都宮大学の水谷、後藤両教授が工夫された。③のほか、④～⑥のような形も考えられ、いろいろ工夫すると面白い。

ところで、②、③、⑤、⑥は、高さHまでの断面積が同じだ。②以外の三角の三タイプは隔壁の形が違うものの、水量は計算上同じ値になるが、実際は隔壁の形の違いが流れに影響し、結果として水量が微妙に違ってくる。

次に、②の四角タイプとその他の三角タイプを比較すると、高さHで同じ断面積になる。しかし水量は同じにならず、下の図6―4のように流速が大きくなる深い部分の面積が多いぶん、②の四角タイプのほうが水量が多くなるのだ。図の五角形cは、三角タイプと四

図6－3　隔壁（魚道断面）のいろいろな形

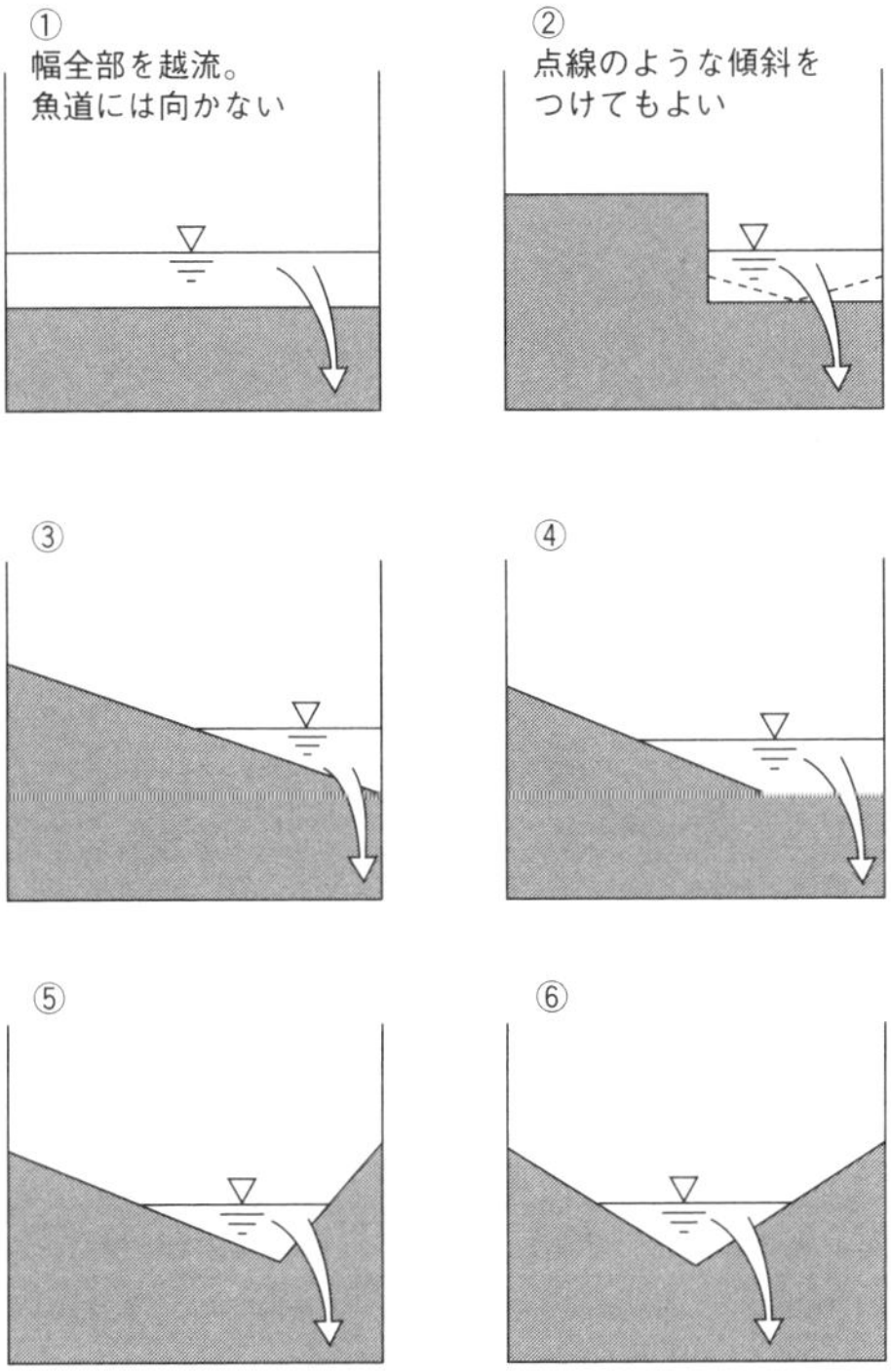

③〜⑥は小流量にも対応できる。矢印は水の流れ（奥から手前へ）▽印は、水面を表す

図6－4　魚道を流れる水の速さは、水深が大きいほど速い

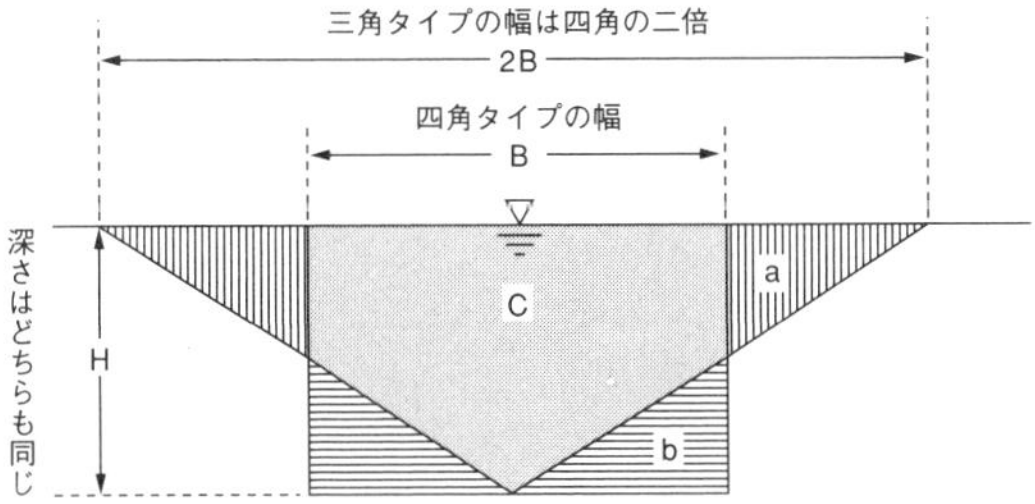

三角形aとbの流速を比較すると、bのすべての部分の流速はaのどの部分の流速よりも大きいので、bの水量のほうがaの水量よりも多くなる。

角タイプに共通の部分なので水量は同じだから、三角形aとbを比較すればよい。bの中のすべての部分の水深はaのどの部分の水深よりも大きいから、bの中のすべての流速はaのどの部分の流速より大きくなる。だから、bの水量はaの水量よりつねに多くなるのだ。ただし、隔壁の形が流れに影響するので、実際にはぴったり計算通りにならない。

実際に、私の職場のT室長に協力してもらって、隔壁模型を使って水量を比較した結果、

図6－5　隔壁（魚道断面）のタイプ別流量変化
水深を稼ぐなら③型、⑥型、水量を稼ぐなら②型、②´型だが、両方の利点をとり入れたホームベース型もよい。

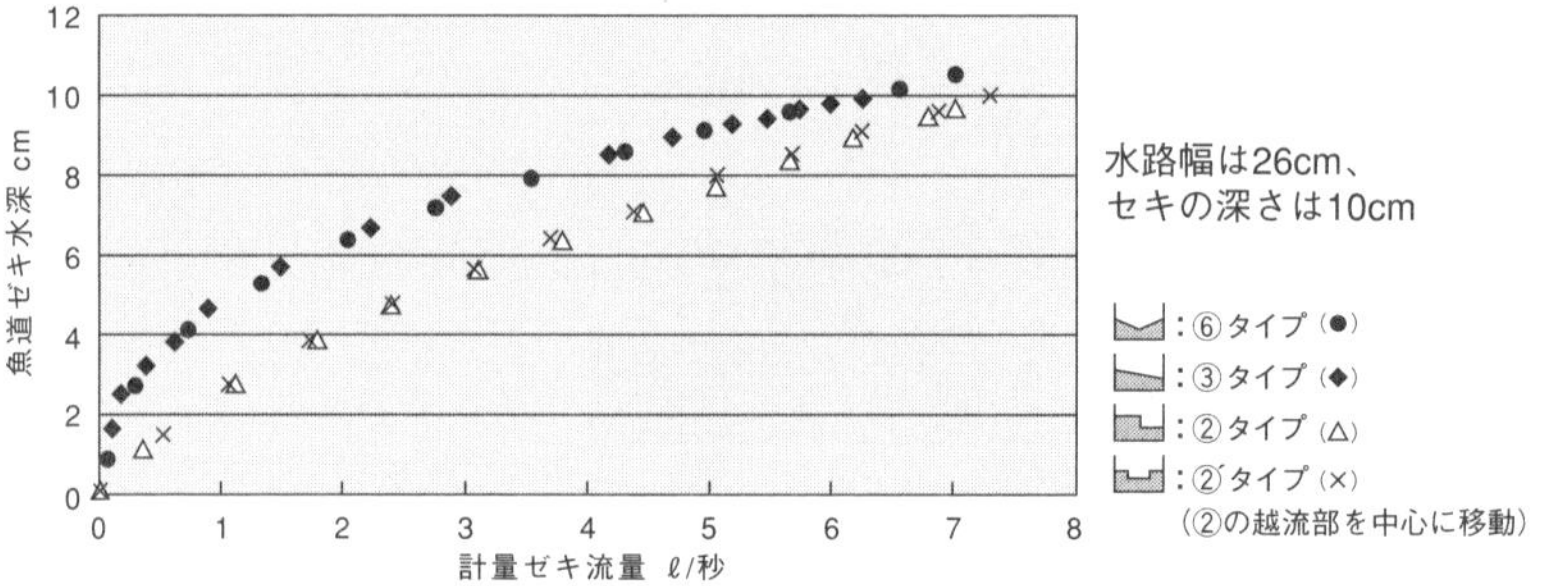

写真6－3　多摩川に設置されたハーフコーン型魚道

図6―5が得られた。同じ流量に対して、つねに三角タイプのほうが水深は大きくなることがわかる。また、三角タイプ同士、四角タイプ同士ではほとんど同じ結果だ。

水深を稼ぐなら三角タイプ、水量を稼ぐなら四角タイプといってよい。小流量時に流れをまとめて水深を稼ぎ、大流量時は安全のために水位上昇を抑えようとするなら、隔壁の形は②の四角を基本とし、越流部にほんの少し傾斜を付けて野球の「ホームベース型」とするのもひとつの方法だろう。

④は、魚類研究家の君塚芳輝さんが、法政大学の西谷教授や東京都農業振興課の内野昌彦さんたちと工夫の末考案された「ハーフコーン型魚道」を正面から見た形で、斜めにカットした隔壁に一部水平部分（実際はもっと短い）をもたせている。

この隔壁は、実はまっすぐな壁ではなく円錐を縦に半分にした形をしている。ハーフコーンたるゆえんだ。写真6―3は、多摩川に設置されたもので、同じ向きに並べた二本をセットとして交互に配置することで、魚が休める流れのゆるやかな部分をつくっている。このように隔壁に丸みをもたせると、壁に沿ったスムーズな流れが発生するので、魚はジャンプせずに泳いで遡上できる。また、土砂がプール内に堆積することがほとんどないの

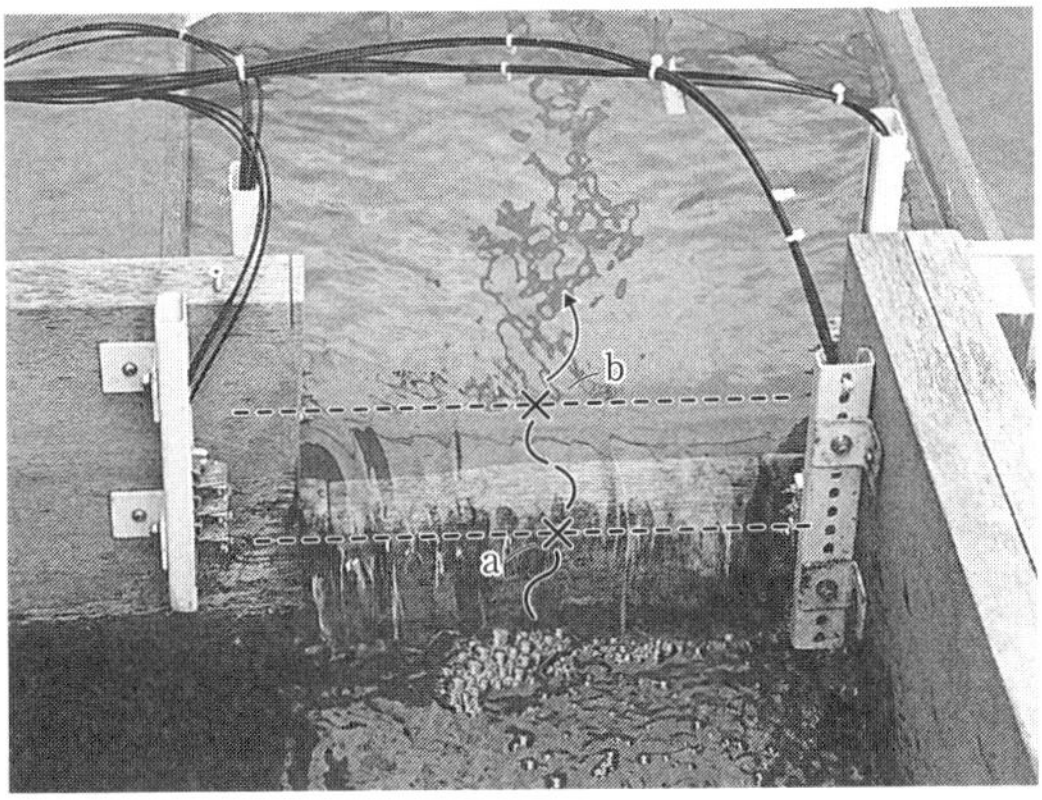

写真6－4　光センサーを設置
下流のa→上流bの順に横切ったものを遡上一尾とカウントすることにした

で、土砂移動の激しい川で有効とのことだ。

光センサーで魚を数える

魚道はできたが、はたしてどんな魚がどれだけ登ってきてくれるのか？　それをどのように計測できるだろうか。まさか一日中、魚道の脇に座り続けるわけにはいかない。では、トラップを仕掛け、登った魚を捕まえるのはどうか。しかしこれも網目に草の葉などゴミで詰まり、メンテナンスが大変だ。

そこで考えついたのが、ショッピングセンターの駐車場などで使われている光センサーだ（写真6―4）。

魚道最上段の上流と下流のそれぞれの水面上に設置して、魚がジャンプして光を遮ったら一尾とカウントするのだ。下流→上流の順に遮断すれば登った、逆なら下ったと判断する。やってみると誤作動が多く、クモやアリが光の出入り口を塞いだりして、信頼性がもう一つだったが、「魚道」のそばの観測小屋にビデオカメラを設置し、これで常時モニターすることで補うことにした。タイムラプスビデオデッキというのがあり、これを使えば二時間テープで二四時間の撮影ができる。遡上する魚をコマ送りでとらえることも可能だ。あとは光センサーが感知した時刻のビデオをチェックして、魚が登ったかどうかを確かめればいい（実際にはけっこうめんどうな作業で、一週間分のチェックにたっぷり一ヶ月はかかったが、一応これで遡上する魚の数は押さえられた）。

ただ、残念ながら魚の種類の特定までは難しい。とくに小さなメダカなど、まず光セン

写真6－5 「魚道」側の観察小屋と産卵床（手前）

サーに引っかからないが、たとえ感知してもビデオで判別できない。水しぶきもメダカも、同じにしか見えないのだ。

そこで至近距離からの撮影を考え、「魚道」の上流に透明アクリルの水路を設けて、ここを魚が通過する際に真横から水中カメラでモニターすることにした。これでメダカを含めて、すべての魚種を特定できる。

このようにあれこれ試行錯誤しながらも、田んぼにつけた小さな「魚道」を登る魚を計測する準備が整っていった。

……みんな登った！

冬の間、水を抜いて田んぼを乾かしてきた水路に、四月に入ると水門を開き霞ヶ浦の水を入れ始める。フナの産卵は三月中に始まるので、早く準備を終わらせないと間に合わない。給水ポンプの設置や産卵床の準備を急いだ。

水はポンプで給水して自由に量を変えられるようにして、田んぼの一番奥から入れる。田んぼを通って最後に「魚道」から出ていく。魚道を登った魚たちが、どこでどのように産卵するか。それを観察するのが、「魚道」を登り切ったところにつくる産卵床だ。広さは約六〇㎡。ショウブ、セリ、それに自生する陸生のクサヨシやハイコヌカグサを植え、水深も変化させる。なるべくここで産卵してほしいので、奥の田んぼとの間をステンレスの網で仕切っておく（写真6―5）。

さて、これでようやく整い、水を流して試運転というときに田崎さんや余郷入土地改良

図6－6　水田魚道の試験―霞ヶ浦湖畔休耕田での野外試験

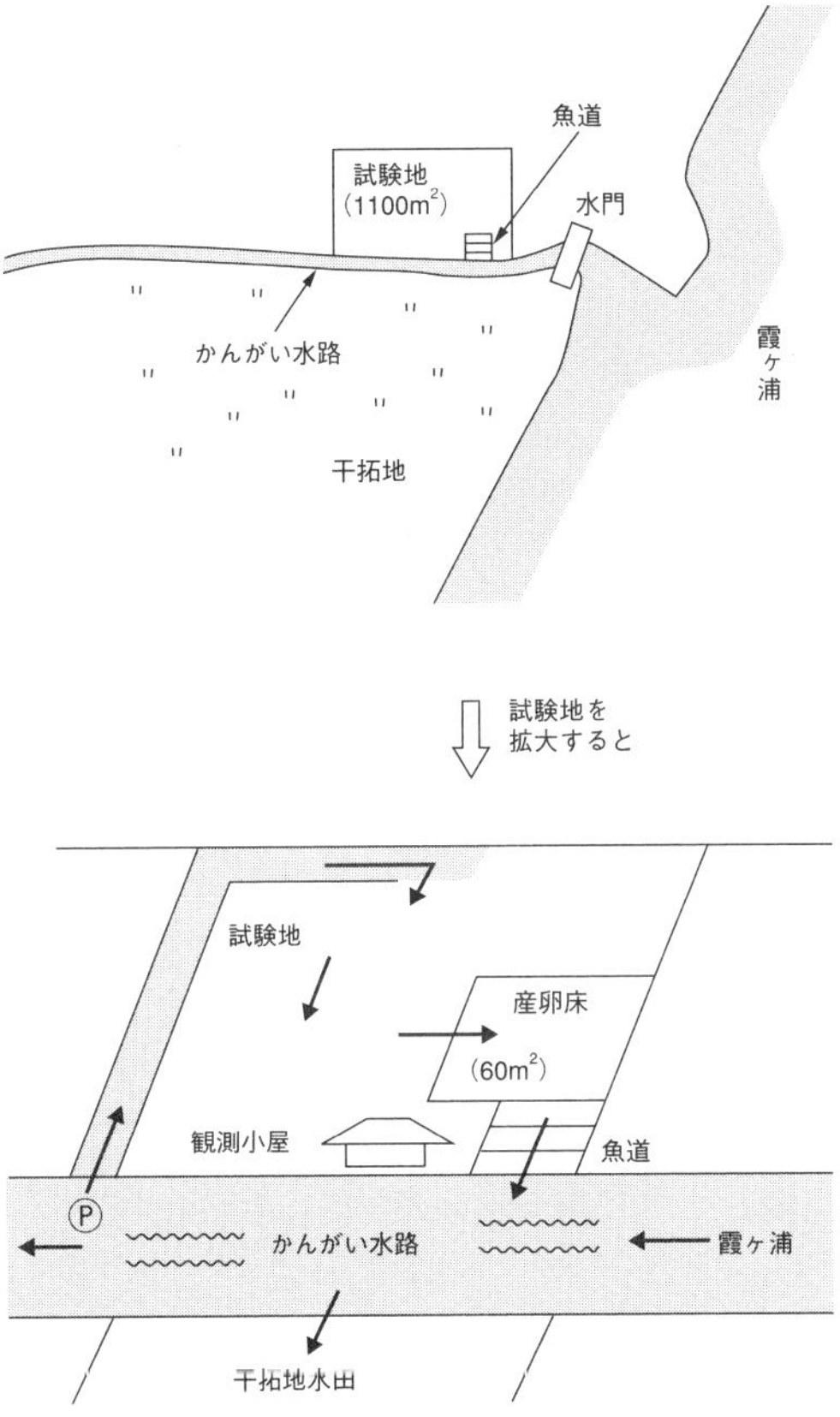

＊矢印は水の流れる方向、Ⓟはポンプ

区の飯島敏勝さんたちが様子を見に来てくれた。飯島さんは試験地のすぐそばの排水機場の管理者だ。干拓地内の田んぼに入る水の量を見ながら水門の開閉を調整する。飯島さんと一緒に干拓地内の田んぼを見渡すと、水面に光が反射して、もうすでに水入れがずいぶん進んだのがわかる。

初めての実験の慌ただしい準備を終えて、いよいよ水を流し始めたのはゴールデンウィーク直前だった（図6―6）。

この頃になると釣り人が押し寄せ、「魚道」の近辺でも釣り糸を垂れる人がいる。立て札で注意は促すが、たいした効果はない。私が試験地にいないときは田崎さんや飯島さんが注意してくれるが、なかなか防げない。いたずらなどないのがせめてもの幸いだ。

四月二十六日、いよいよ実験開始。翌日の二十七日の夕方になり、本格的に水門が開けられた。

観測小屋の中にいるとモニターで「魚道」の様子がわかる。魚がジャンプするのはほんの一瞬なので、その瞬間モニターを見ていないと見逃してしまう。そこで魚がジャンプする水しぶきの音を合図に、モニターをチェックすることにした。こうすると魚が「魚道」の最上段を最後にジャンプする瞬間が捉えられる。

魚はたいてい群れをなしてやってくる。一度に一〇尾以上が田んぼに登ることも少なくない。どんな魚が魚道を遡上していっただろう?

コイ、フナ、ナマズ、それにメダカ、ドジョウは、みんな登った。大は五〇㎝もあるコイから、小はわずか三㎝のメダカまで、これらがともに登れるようにという私の願いどおりみんな登ってくれた。そのうえ、モツゴやモロコ類、アユまで登ったのを確認できたし、ハゼの仲間のヨシノボリなどは、吸盤をうまく使って直立の壁をヨジノボったのだ。

コイ以下、五種類の魚は明らかに産卵を目的に田んぼに登ったと考えてよいが、ヨシノボリやアユ、モツゴ、モロコまでが産卵のためとは考えにくい。では何のために? うーん、とりあえずは「遊びにきた」ということにしよう。二七頁でも紹介したように、こうした魚もルートさえあればふつうに登ってくる。それが田んぼの元々の姿なのだ。

表6－1　水中カメラにより確認した魚種

魚　　種	遡上数	割合（%）
フ　ナ　類	164	84
メ　ダ　カ	19	10
ド ジ ョ ウ	12	6
会　　計	195	100

＊ 1998年4月29日～5月6日のうち計45時間のモニタリング結果

ドジョウの三段跳び

一九九七年の実験開始以来、ゴールデンウィークをはさむ前後三～四週間、私は試験地に建てた観測小屋で寝泊まりするのが、毎年の行事になった。そうした中で、魚道を登る魚たちのジャンプを数々目にすることができた。

モニターをチェックするかぎり圧倒的にフナが多い。あとはコイやナマズも比較的見分けがつくが、メダカやドジョウは小さすぎてモニターでは識別できない。そこで、前述のように魚道の上流に取り付けたアクリル水路を通過したものを横からの映像で確かめた。水中カメラを外に置くと盗難やいたずらの心配があるため、長期間連続してモニターすることができなかったが、表6―1を見るかぎりメダカやドジョウもけっこう登ってきていることがわかる。

そのメダカやドジョウが、どんなふうに魚道を乗りこえるのか。瞬間を捉えたいと思うが、相当の至近距離からでないと難しい。幸いなことにメダカは群れで水面近くを泳いで魚道に近づく。そこでメダカの接近を確認してからカメラをセットすると、あまり空振りなく撮影できる。次頁の写真6―6は少しわかりにくいが、そうやって撮影できた本邦初公開のメダカのジャンプシーンだ。

ドジョウも私は見た記憶がある。あの柔らかな体の頭と尻尾を丸くつなげて、ピョーンと魚道の壁を飛び越えたのだ。だが、確かにそう思い、ひょっとしてビデオに映っているかもしれないと確認しても、そのジャンプシーンは見つからなかった。

写真6－6　メダカのジャンプシーン（ビデオから）

残念ながらドジョウが魚道に近づいてもメダカのように目立たない。ましてそのジャンプをカメラで捉えるのはすごくむずかしい。これはだめかなとあきらめかけていたとき、霞ヶ浦問題協議会事務局長の飯竹泰介さんからひょんな話を伺った。

私の魚道に興味をもったとかで、ちょくちょく私を訪ねて来られていたのだが、あるときドジョウの話をしていてこんなことを言われたのだ。

「ドジョウの三段跳びが見られる場所を知ってる！」

研究所の近くを流れる小貝川から水を引く福岡堰というかんがい水路がある。小貝川から取水後、水路は間もなく道路に潜るが、その直前に一mを越える落差がある。飯竹さんによると、ここに多くの釣り人ならぬ網をもった人が集まり、ジャンプするドジョウをすくうのだという。

体長一〇cm程度のドジョウが一m以上もの落差を越えられるのか？　にわかに信じられない話だったが、飯竹さんによると、ドジョウは水面に落ちる瞬間、体全体をゴムのように弾いてジャンプし、それをくり返して落差を跳び越える。網を構えた人は、まるで三段跳びのように二度三度と飛び跳ねるドジョウをすくい取るのだそうだ。

翌年、自分の目で確かめようとその場所を訪れたが、すでに公園ふうに整備されていて、「ドジョウの三段跳び」は確かめるべくもなかった。しかしきっと日本のどこかで、今もドジョウは三段跳びを試みているに違いない。

魚たちはどうやって田んぼまでくるか

私の試験地へはコイやナマズそのほかの魚が産卵を目的として登ってきたが、彼らは何を手がかりに田んぼまでやってくるのだろう。どんなナビゲーションシステムをもっているのか? ここで考えたいのは「なぜ」ではなく、「どのように」だ。

わかりやすいのは、上流に向かって移動し、水温の高い細流を感知し、田んばや湿地にたどりつくという仮説だ。

つくば市内を流れる桜川という川に、毎年五月頃になるとコイの群れが上流に向かって泳ぐ姿を見ることができる。いわゆる「乗っ込み」という現象だ。コイはそのまま上流を目指すが、どこまでも遡上し続けるわけではなく、河口から一〇kmほど上流にある水田地帯から排水が注ぎ込むあたりで集結しているのを見たことがある。

水温《ぬる》む五月ともなれば、川の水温は高く、田んぼからの排水はさらに温まっている。この差を感知して田んぼや湿地へたどり着く、という説は頷けるものがある。

しかし、どうも上流へ登るばかりが旅路でもなさそうなのだ。

私が毎年のように出かける岡山県の現地では、魚は旭川からいったんかんがい水路を〈下り〉、その途中で合流する排水路を今度は〈上って〉田んぼにたどり着く。また中には、かんがい水路から田んぼにそのまま入ってしまうものもいる。実際の産卵行動は観察していないが、水入れから一ヶ月後には稚魚がいたので、かんがい水路から流れ下ってそのまま田んぼに入り、産卵した可能性が高い。

写真6－7　百軒川の放流口付近の流れ。浅くて速い

写真6－8　田んぼと一体化したかんがい水路。こうしたところでは魚は流れ下るかっこうで田んぼに進入すると思われる

ただ、これだと魚が偶然田んぼに行き着いたようで腑に落ちないが、この水路が最後に注ぎ込む百軒川の放流口付近の流れは浅くて速い（写真6―7）。ここから魚が登ってくるとはとても考えられず、やはり旭川からかんがい水路に入り、いったんは、流れ〈下り〉さらに〈上る〉か、あるいはそのまま田んぼで産卵したと思うしかないのだ（写真6―8）。上るというより、下るという行程のイメージだ（図6―7）。

「魚道」を付けた余郷入干拓地の試験地を流れる水路も、実は霞ヶ浦から水が流れてくる。魚は霞ヶ浦から流れをいったん下ってから、「魚道」の落差を超えて田んぼに登ることになるのだ（図6―8）。用水路の流れを上って田んぼに登ることももちろん想定できるが、実感としては霞ヶ浦から進入してくる者が圧倒的に多い。一方、後述する琵琶湖の試験地では、実際かんがいは完全にパイプライン化されていて、排水路しか存在しないため、〈上り〉のルートしかあり得ない（図6―9）。

こうなると、魚の田んぼへの遡上行動を単純にパターン化して理解することはできないように思えてくる。どれが正しい産卵の旅路というのではなく、どれも事実という意味で正しいのだ。おそらく魚たちはふだんの生活圏内の変化に応じて上流へ、あるいは下流へと移動し、小さな流れ込みを感知して浅い産卵場としての田んぼに登るのだろう。あるいは、岡山の例のようにたまたま流れを下った先に産卵に適した田んぼがあったということなのかもしれない。

では、魚が感知する変化とは何か？

図6－7　岡山観察地の遡上ルート

水の流れ：--▶
魚の動きの3つ
①用水路から田んぼ、田んぼから田んぼへ（ ⟶ ）
②用水路と田んぼが一体化（ ⟷ ）
③用水路から排水路、そして田んぼへ（⋯▶）

図6－8　霞ヶ浦試験地への遡上ルート

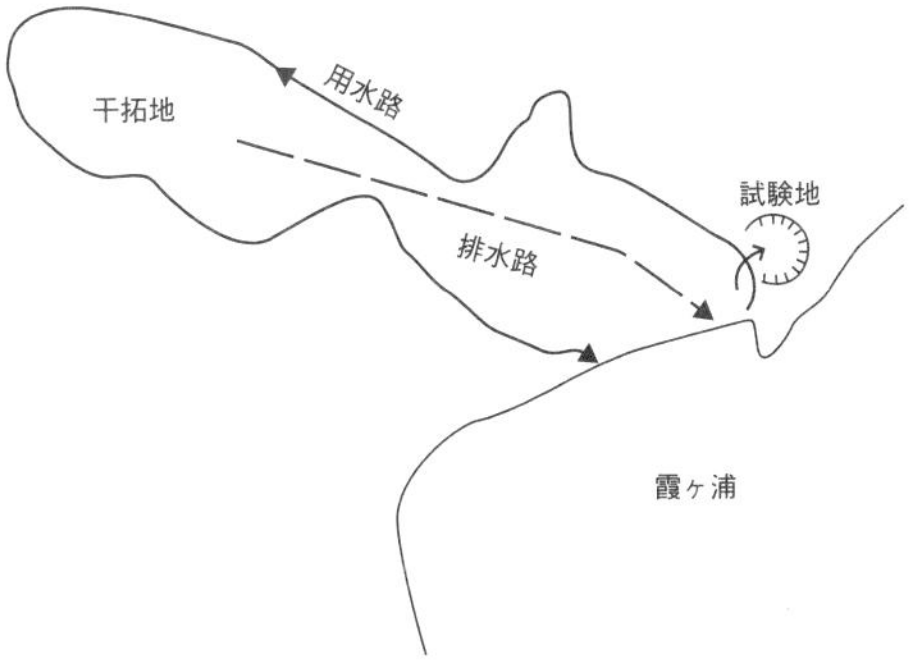

水の流れ：⟶（用水）、--▶ 排水
魚の動き：霞ヶ浦→用水路→水田（ ↱ ）

図6－9　琵琶湖試験地への遡上ルート
魚の動き：琵琶湖→河川→排水路→水田（ ↴ ）

流れ込みを感知して登る

よくいわれるのは、先にもあげた水温の変化だ。余郷入干拓地にある私の試験地の遡上記録を見てみよう。多少はほかの魚種も混じってはいるが、大部分はフナと考えてよい。遡上数のグラフは一時間に何尾登ったかを記録したものだ。最初の年の一九九七年の観測は四月二十六日から、翌一九九八年は四月十八日からで、同じ期間の水温のグラフを並べてみる。水温は、水路と田んぼからの水の出口にあたる魚道との二ヶ所で記録した（図6―10）。

遡上数は一時間ごとの値なので両年とも変動しているが、ピークは一九九七年は四月二十九日、一九九八年は四月二十三日頃に現れている。このとき水路の水温は最高で二〇℃あたりに達している。ギンブナの場合、おそらく一五℃くらいから産卵行動が始まるとされているが、二〇℃あたりがもっとも活発化するようだ。

さて、フナは水路の水温と田んぼから出る水の水温を感知して温度の高い田んぼのほうに登るだろうか？

図6―11は温度差と遡上数を並べたグラフだ。昼間、田んぼの水温は水路の水温より一〇℃近く高くなるが、夜間は逆に少し低くなる。このグラフを見るかぎり、田んぼの水温が水路の水温より低くなる夜間でも盛んに登っている。温度差が田んぼに登る絶対的な引き金（トリガー）になっているとはいえないのだ。たとえ田んぼのほうが低くても、わずかな温度差であれば遡上の障害にならないのかもしれない。

図6－10　温度差と遡上数の変化

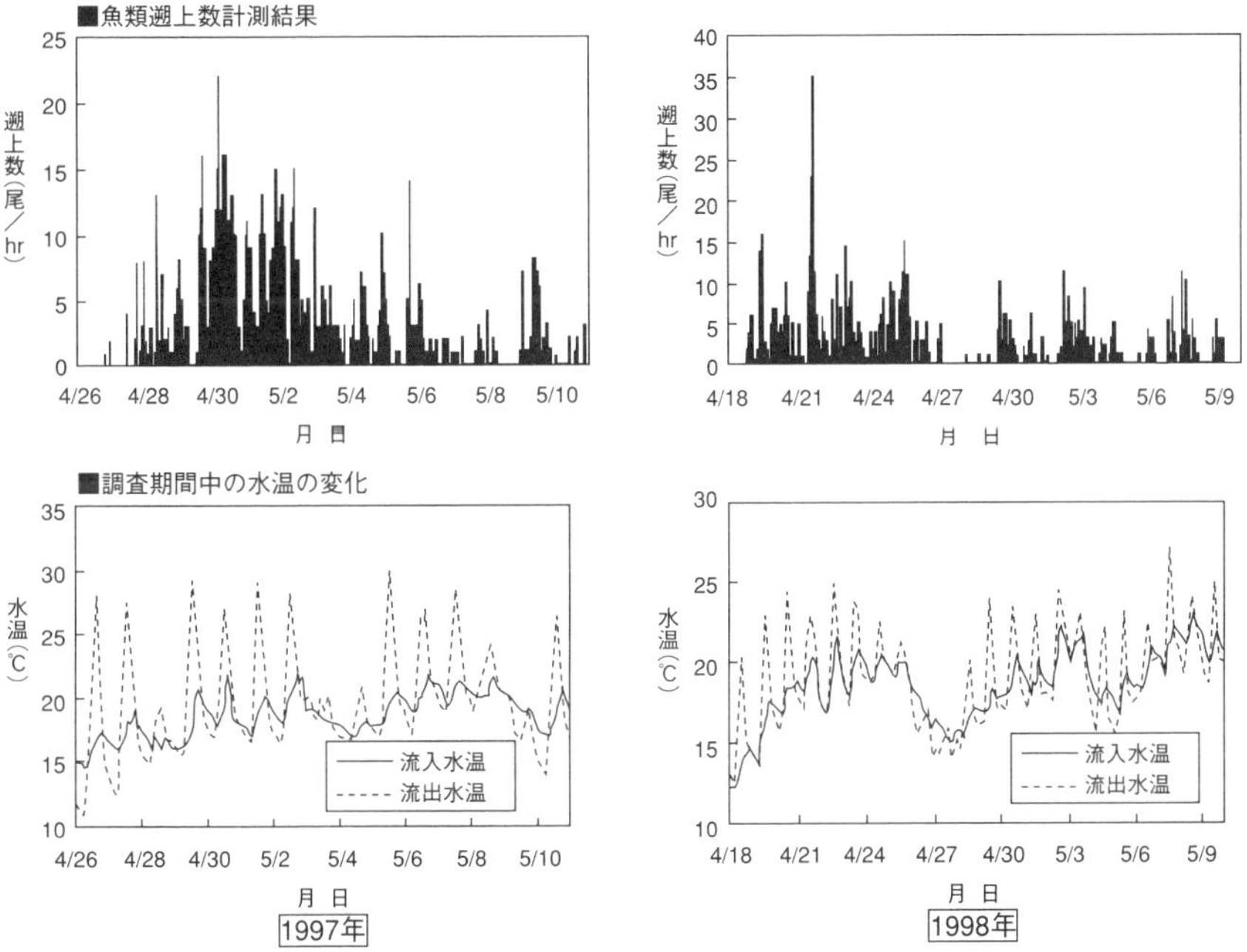

図6－11　水温差と遡上数の関わり
必ずしも水温差が遡上の引き金になっているとはいえない

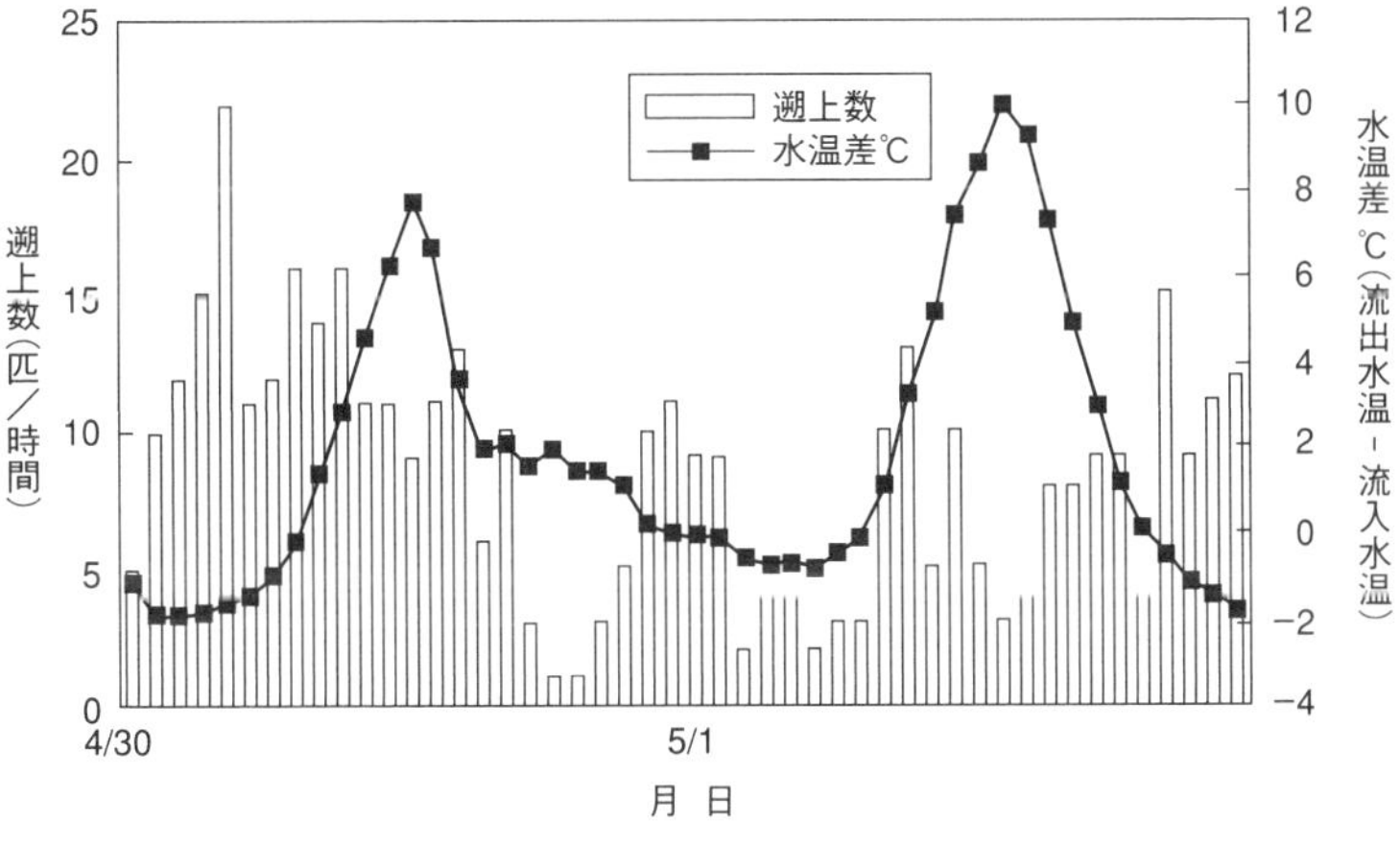

図6－12　魚類の遡上成功率の日中と夜間の差
（1998.4.18 18：00～4.22 18：00）

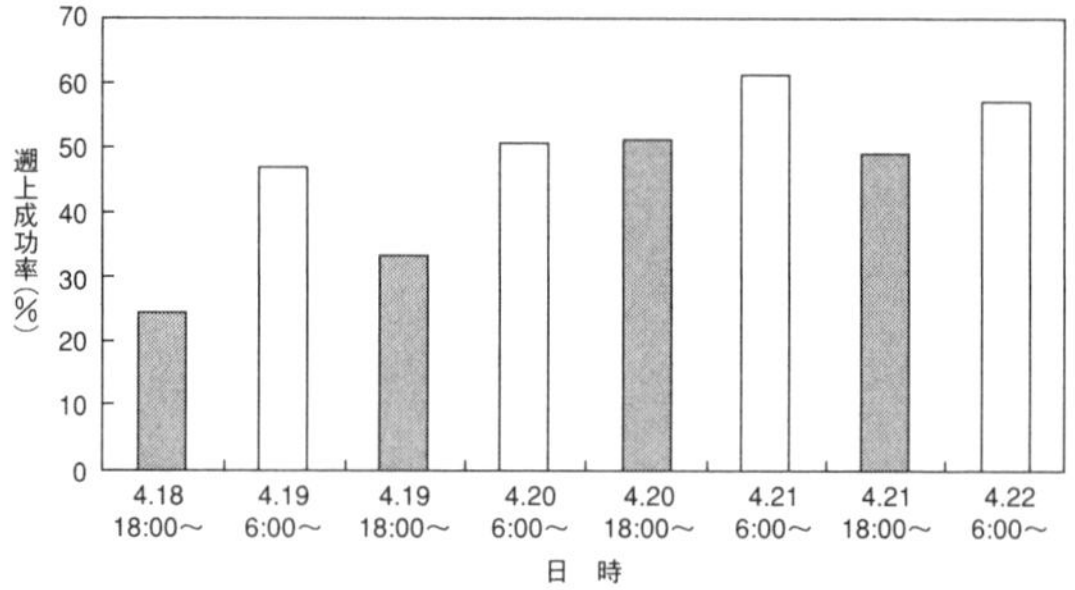

ただ、夜のジャンプは失敗が多い。昼と夜の遡上の成功率を比べると、図6―12のようになる。試験地では夜でも遡上の様子がわかるように魚道に照明灯をつけているのでこの程度だが、まったく明かりがなければもっと失敗している可能性がある。そうはいっても、産卵の盛期には昼夜の区別なくバンバン田んぼに登ってくる。

では、いったいどうやってフナは田んぼや湿地などにたどり着けるのか？　たぶん小さな流れ込みを感知させる情報があれば、フナにとって十分なのだ。流れの方向や速さの変化、流れ込みで生じる音や泡などを敏感に感じ取って、魚は安全な産卵場所の存在を信じて登る。ふだんいるところで水温が上昇して産卵衝動に火がつくと、あとは安全な産卵場としての浅場を目指して突き進むというのが、私のとりあえずの考えだ。

田んぼの魚のふしぎ生態　その1

キンさんギンさんの不思議な関係
——変身する?・フナの話

メスしかいないフナ?!

霞ヶ浦湖畔で「魚道」試験を始めたときから、どうしてもはっきりさせておきたいことがあった。ギンブナの産卵のお相手は誰かという疑問だ。

霞ヶ浦にはおもに三種類（亜種）のフナが生息している。ギンブナ、キンブナ、ゲンゴロウブナだ。ギンブナはいわゆるマブナ、ゲンゴロウブナはヘラブナとも呼ばれる。このうちギンブナはほとんどメスしかいないのだ。なのにどうして、ギンブナは次の世代を産めるのか?。

ギンブナの「雌性発生」を発見したのは魚類生理学者の小林弘さんで、彼はドジョウの精子をギンブナの卵にかけるという大胆さでそれを確認した。小林さんはいったいどんなきっかけでこのギンブナの不思議にめぐりあったのだろう。

ギンブナの相手はとりあえず誰でもよくて、刺激となる精子があればちゃんと次の世代が生まれる。とすると、生まれた子どもはすべて母親のクローンになるはずだ。きっとそうに違いない。このような予想から、小林さんの発見を前進させたのが、信州大学教授の小野里坦さんだ。小野里さんはこのギンブナのクローン発生に関わる実験や調査に取り組んだ経緯と結果を、今はなき（財）日本淡水魚保護協会の機関誌『淡水魚』９号（１９８３）の報文「クローンブナの話」で、以下のように述べておられる。

小野里さんは、同じ母親から生まれたギンブナ五尾と母親の異なるギンブナ一尾を用いて、相互に鱗を移植し合い、拒絶反応の有無を調べた。その結果、異母ギンブナ間で見られた拒絶反応は、同じ母親をもつギンブナ姉妹の間ではまったく見られなかった。ということは、一尾の母親から生まれた子どもはもちろん、その子どももそのまた子どもも、突然変異が起きないかぎり、すべてが遺伝的に等質のクローンブナという不思議な世界が誕生することになる。

小野里さんは付近の沼に棲むギンブナを五〇〇尾ほども採取して、片っ端から血縁関係を調べてみた。すると驚いたことに、五〇〇尾のうち約六割がクローンブナで、解析してみるとそれがほぼ五つのグループに分けられる。そしてこの五グループで全体の九割近くを占めていることがわかった。六割のうちの九割、つまり沼に棲むギンブナ全体のほぼ半分がたった五尾の母親の子孫ということだ。さらに驚くのは、五グループの中でも一番大きなグループが六割の半分、全体では三割を占め、それがたった一尾の母親の子孫だということだ。小野里さんはこの結果にしばし唖然とさせられる。

では異なる沼の間でもクローンの繋がりはあるのだろうか？

小野里さんの報告によると、北海道内各地の沼のクローン構造を調べた結果、もっとも遠い場合で三〇～五〇㎞離れたところで同一のクローンが見つかったそうだ。また北海道の東部を流れる常呂川の四ヶ所の河跡湖のフナについて調べたところ、共通のクローンが見つかる一方で、沼によって優勢なクローンが異なることがわかった。同一のクローンが優勢な沼は環境が似かよっているので、環境への適応性によってクローンの盛衰が決まるようだ。

それにしてもクローンブナはすべてギンブナのメスである。ギンブナのオスがほとんどいないという状況で、いったいどんな生殖行為が行なわれているのか？ いったい相手は誰なんだろう？

産卵モニターシステム

フナの産卵行動は、水槽などの人工環境下ではいざ知らず、自然環境下ではなかなか観察できない。だいたいが澄みきった水の中などではなく、多少とも濁りのある、というよりは少し汚れた感じの水域に住んでいるのがフナなのだ。そんなところに棲むフナの産卵行動を自然に観察するのはまず無理だ。

しかし私が行なっている田んぼへの遡上実験なら可能かもしれない。彼らのほうから田んぼに来て、産卵してもらえればよいのだ。田んぼは水深も浅いので、水面上からカメラでモニターできる。夜の観察は少々難しいが、今のカメラは赤外線照射で暗闇の中でもある程度はっきりした映像を得られる。いろいろ考えると、田んぼでの観察こそむしろ最適と思えたきた。

そこで、図①のようなモニターシステムを考えてみた。「魚道」を登り終えたフナは予定

図① フナの産卵モニターシステム

の産卵床に入る。産卵床には二m四方の枠をつくっておき、フナがそこから先には上れないようにする。上流からの水は枠の網をすり抜けて、出入り口のゲートから流す。さらに、枠の中の五〇cm四方を水深五cm程度に浅くしてクサヨシを植える。ここがフナのベッドルームだ。フナが産卵するとしたらほぼ確実にこのクサヨシをめがけるだろう。クサヨシの葉は上からのビデオモニタリングの邪魔にならないように、短くハサミでカットしておく。

モニターカメラのほうは、数m離れた観測小屋のビデオデッキとテレビにつなげ、私は小屋の中でテレビを見ながらフナたちの産卵行動を観察する。産卵を確認したら釣り糸を引いてゲートを閉じ、中のフナを全員御用とする。あとはすぐに給水を止め、枠内からの水漏れがないように土で補強したうえで、小型ポンプで排水すればよい。これで準備万端、あとはフナの遡上を待つだけだ。

ついに、見届けた！

しかしフナがいつ産卵してくれるかこっちにはわからない。昼間は人の気配を感じで容易に産卵しない。悪いこと

写真①　土堤を築いて水を抜いた後の産卵床

にこの時期は「乗っ込み」のシーズンということもあって、釣り人が大勢試験地の近くをうろつく。ひどいのは魚が集まると知って、魚道の出口付近に釣り糸をたれる輩がいることだ。おかげで、昼間はなかなか試験にならなかったが、私自身、昼間は研究所でほかの仕事をしなければならないことが多く、日中の観察は十分にできなかった。結局、六畳ひと間の観測小屋に泊まり込んで、そこから研究所に通うこととなった。

とはいえ、フナがこちらの都合に合わせてくれるとは限らない。産卵の確認は四月下旬から五月上旬までの約三週間が勝負だが、肝心なときに留守していたり、眠っていたり、またせっかく入ってきても今度はフナが産卵せずに出ていってしまったりで、タイミングがなかなか合わない。

そのうち今度はゴイサギという夜行性のサギが現れ、ベッドルームに侵入して、フナたちのせっかくのスウィートタイムを台無しにすることもしばしばだ。それどころか格好の餌場を見つけたとばかり毎晩のように通う奴も出る始末で、ほとほと困った。

そうしたときに私の隣の研究所で、サギ類を専門に研究しているFさんが若い研究員を伴ってひょっこり現場を訪ねてきた。ひとしきり私の田んぼを見て歩いたあとで、「これだけいたらサギには十分な餌が確保できるね」とさらりといわれたのには、あっけにとられ、…そのうちムカッと腹が立ってきた。

そんなこんなで「とうとう捕まえ損なったかな」とあきらめかけた五月中旬だった。夜中というよりはもう夜明け前近い午前三時過ぎ、うとうとしていた私の耳にバシャバシャッという音が聞こえた。「魚道」最上段をモニターするテレビ画面を見ると、フナたちが次々とジャンプする姿が目に飛び込んできた。

写真②　クサヨシの葉に産み付けられたフナの卵

もう一台、例のフナ用ベッドルームをモニターしているカメラの画面が、続々とフナたちが入りこんでいる様子を青白く映し出している。どれも一〇cmに満たない小型のフナだが、二〇尾ほどが短く刈り上げた五株のクサヨシの周りを忙しく泳ぎまわっていた。まるで鬼ごっこでもしているようだ。

さらにしばらく見ていると、ほんの一秒もないくらいの素早さで瞬間的に草の根もとがガサガサとゆさぶられた。「おっ！　産卵したぞ」。思わず声が出た。

コイのような派手さはない。ナマズのように艶めかしさもない。小柄なせいか、試験地にやってきたフナの産卵は妙に行儀よく、おとなしい。「岡山で見たような盆踊りはしないなぁ」と思いつつ、数度産卵をくり返したのを見届け、グイッと釣り糸を引っ張った。小屋からベッドルームをのぞくと、うまくゲートは閉じたようだ。急いで給水ポンプのスイッチを切り、ベッドルームにかけ寄って泥で入念に土手を築いて漏水を防ぐ。ここまですれば、あとは夜明けを待って小型ポンプで水を掻き出せばよい（写真①）。

あたりが明るくなるのを待って、クサヨシへの産卵を確認する。体格が小さいため卵の数は多くないが、確かに産卵している（写真②）。小型ポンプでベッドルームの水を抜く。ざっと数えてやはり二〇尾ほどがいた。あとはこれがどういう種類のフナか調べるだけだが、見た感じではほぼ間違いなくキンブナとギンブナの集団だ。

その後も、立て続けに二つのグループを捕獲することができた。三つのグループを後日、確認したところ、キンブナだけのグループが一つとキンブナとギンブナの混成部隊二つだった。

写真③　琵琶湖の田んぼでギンブナの相手をしているニゴロブナ
上段がゲンゴロウブナ、中段がニゴロブナ、下段の３匹はギンブナで、田んぼにはギンもニゴロも小型のものが登る
（写真は滋賀県水産試験場の飼育魚を並べたもの）

琵琶湖のギンブナのお相手は…

結果はいたって常識的というか、予想したとおりだ。しかし、それが水槽の中ではない自然の営みとして確認できたのは貴重というべきだろう。……とはいいながら、どこかから「道楽ものの助平オヤジやなあ」などという声が聞こえてきそうな気もする。確かにおっしゃるとおり。「ギンブナの相手は誰だ？」などという好奇心を抱く人間はそういないと思うが、同じ関心をもっている人を知っている。前にも登場してもらったナマズ研究が専門の前畑さんだ。彼も、田んぼに登るナマズなどの魚を精力的に調査する中で、ギンブナの相手は誰かという助平で（？）素朴な疑問に出会った。もしかしたらこの疑問は、田んぼを舞台に魚を調査する者ならふつうに抱くものなのかもしれない。

その前畑さんや、滋賀県水産試験場の上野世司さんの調査によると、琵琶湖でギンブナの相手をさせられているのは琵琶湖固有種のニゴロブナらしい（写真③）。琵琶湖にキンブナは生息せず、ほかにゲンゴロウブナがいるが、岸近くにいるギンブナやニゴロブナと違って沖合いに生息し、比較的止水性が強いため、流れを遡って田んぼまで辿り着くことがほとんどない。田んぼでの産卵の可能性は低い、という推測からニゴロブナに落ち着いたそうだ。

しかし、ゲンゴロウブナにギンブナの相手が務まらないわけではないだろう。田んぼでという条件を外せば、ゲンゴロウブナの可能性は残る。実際、霞ヶ浦ではゲンゴロウブナとギンブナの産卵の可能性も高いことが観察の結果として指摘されている。

霞ヶ浦のキン・ギン・ゲン

ギンブナの相手は誰かという疑問は一応解けた。しかし、これで納得したわけではない。相手のキンブナにとって「こいつは仲間じゃない」という認識はあるのかないのか、という疑問が残るのだ。仲間じゃないとわかったうえでも、キンブナのオスはギンブナのメスと交尾するのか？　さらに、ギンブナは相手を交尾に誘うための努力というか、工夫はするのかしないのか？　評価はまちまちだが、性フェロモンの効果もいわれている。

キンブナのオスにとって、相手は誰でもよいわけではないだろう。まさか、コイのメスと交尾したいとは思わないはずだ。それよりはフナのほうが相手としてふさわしいだろうし、自分の仲間のキンブナのほうがほかの誰よりもいいに決まっている。しかし実際はギンブナと交尾しているということは、キンブナは騙されているか、少なくとも違和感がないということだろう。

ギンブナの相手を探る実験をする前の年のことだ。大学院生のO君と二人で、たまたま試験地に遡上した大型のギンブナと、ゲンゴロウブナとおぼしきフナを数尾捕獲して鰓の鰓耙（さいは）数を調べたところ、なんと全部がギンブナだったので驚いたことがある。実際、ゲンゴロウブナが田んぼに登ることはあまりないのだが、おでこの出っ張りがパッと見の判断を狂わせた。

このとき以来、もしかしてギンブナはゲンゴロウブナに化けているのでは？　そしてたぶんキンブナにも？　と想像するようになったのだ。

図②　霞ヶ浦に生息する三種のフナ

（最大全長）

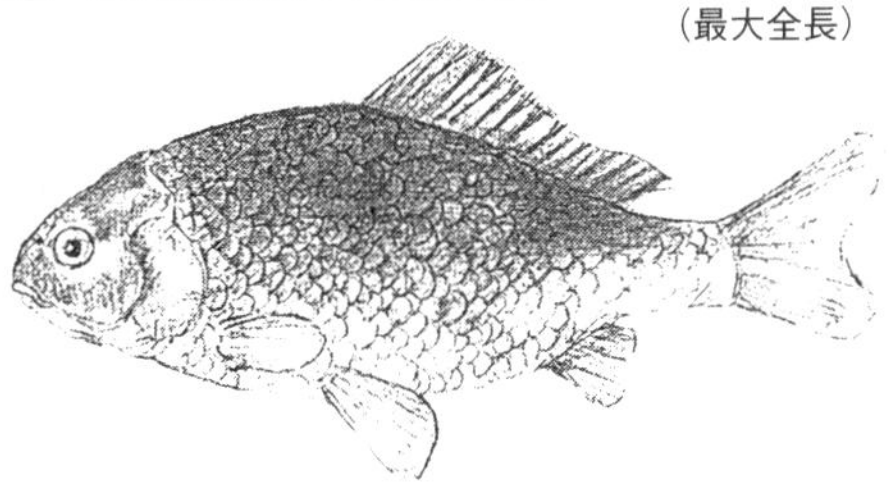

ギンブナ（35cm）

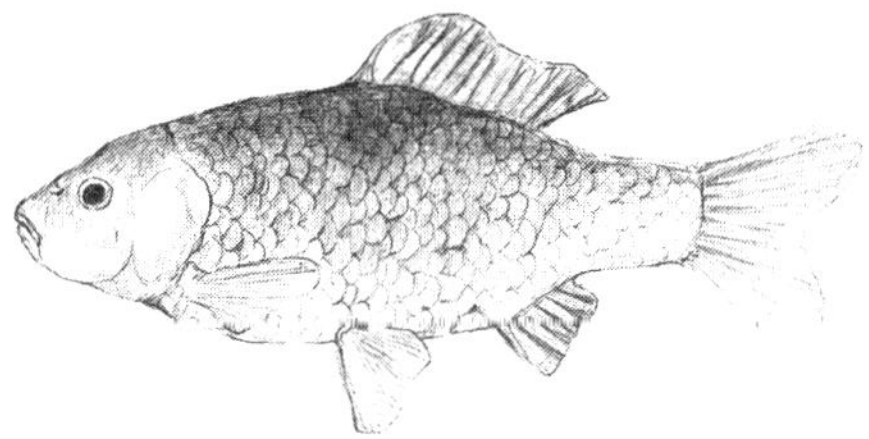

キンブナ（25cm）

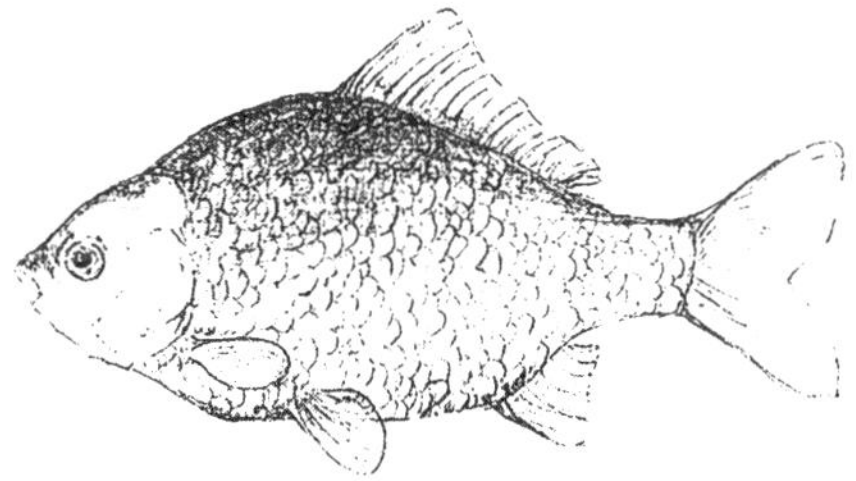

ゲンゴロウブナ（45cm）

しかし私もＯ君も魚類分類の専門家ではない。単に見違えたというだけかもしれず、専門家が見ればギンブナはギンブナでしかないかもしれない。

フナ類の分類はパっと見の判断では左の図②のような姿形の違いから区別できる。キンブナはクリクリっとした可愛い目鼻立ちをしていて、金色を帯びたスマートな体型をしている。成魚でも体長は二〇cmに満たない。また背ビレの基底の長さが体長の三分の一より短いのが特徴だ。

ゲンゴロウブナにはキンブナの可憐さはない。成長すると体長が四〇cmにもなる大型で、何よりいかつく張り出したおでこが特徴といってよい。

ギンブナは通称マブナとも呼ばれ、それだけ馴染みのあるフナのはずだが、キンブナやゲンゴロウブナに比べて、姿形は多様だ。典型的なのは図②のような容姿だろう。しかし図鑑によってはいろんな姿が描かれているので、パっと見ただけではなかなか区別が付かない。そこで、正確に区別する場合は、背ビレの軟条数と鰓耙《さいは》数を見る。鰓耙とは、エラの内側にある櫛のようなもので、細かいエサを濾しとる役割がある。

近畿大学・細谷和海教授の方法（『日本産魚類検索全種の同定第二版』東海大学出版会、

二五三〜二五四頁）による分類は以下の通りだ。背ビレ軟条数が一四以下と少なければキンブナだが、多ければさらに鰓耙を調べ、一〇〇以上ならゲンゴロウブナ、少なければギンブナと分類される。植物プランクトンをおもなエサにするゲンゴロウブナは櫛を密にする必要から鰓耙数が多くなっているのだ。

ただこの二つの指標も専門家によって微妙に違うというのが、今の実状だ。

化けるギンブナ？

霞ヶ浦のギンブナの化け方？　について、実は、私と同じ見方をしている専門家がいる。茨城県内水面試験場の渡辺直樹さんだ。

私はこの疑問をずっと抱えたままにしていることができず、あるとき渡辺さんに伺ってみた。すると、「確かにおっしゃるとおり、ゲンゴロウかと見まごうギンがおり、キンと見まごうギンもいるのです。私も端さんのおっしゃる〝化けるギンブナ〟いういい方がよくわかります」とのお話だった。

ところで琵琶湖では、ニゴロブナ・ギンブナ・ゲンゴロウブナの三亜種のフナが生息し、霞ヶ浦にもキンブナ・ギンブナ・ゲンゴロウブナの三亜種が生息している。

霞ヶ浦のゲンゴロウブナは、昭和初期に琵琶湖から移入されている。琵琶湖と霞ヶ浦の違いはニゴロブナとキンブナだが、これらは系統的に比較的近縁とされている。ちなみに、諏訪湖にはやはり同一系統のナガフナがいる。さて、人間の背丈や体型がさまざまなように、霞ヶ浦のギンブナの姿形も多様だろう。私はギンブナの多様性に何か意味があるのではないかと、想像している。

ひょっとしたら、霞ヶ浦のギンブナは小型と大型に分かれているのかもしれない。つまり、形態的に丸みを帯びた大型とスマートな小型に分化し、小型はキンブナのオスを、大型はゲンゴロウブナのオスを産卵相手にしているのだ。あるいは成長の過程で相手を替えるという可能性もある。大人になりたてで体が小さい間はキンブナを、もっと大きくなればゲンゴロウブナを相手にするのかもしれない。

またそんなことはいっさい関係なく、お互い相手のサイズに関わりなく、抵抗感なく相手にしてしまえるのか。

ギンブナから生まれた子は母親のクローンだから、たまたま小型になる遺伝的性質をもつ小柄な母親が、元々小柄なキンブナとの産卵チャンスを多くもつことは考え得る。世代交代をくり返すうちに小型のギンブナが一大勢力をもつクローンに至ったというのが第一の仮説である。もちろん同じことは、大型のギンブナとゲンゴロウブナについてもいえる。また、成長の過程で、体の大きさと形の変化に合わせて相手を替えるという第二の仮説も否定できない。さすがに、第三の仮説はいかにフナとは節操がなさ過ぎて考えにくい。

正月気分もようやく抜け、バタバタと始まった多忙な年度末の事務仕事の合間をぬって、真冬の季節風が吹きすさぶなか、N商店を訪ねる。目の前の霞ヶ浦が白く波立ち、あたり一帯の湖面に湯気が立ったように煙っているが、太陽の光は春の訪れを感じさせるくらいに明るく強い。N商店は、大正時代創業の水産加工を営む老舗だ。ここには霞ヶ浦で漁を営む漁師から上がるワカサギやモロコなどの魚が集まるので、自然と霞ヶ浦の魚の様子がわかる。

図③　ギンブナの形の変化傾向（イメージ）

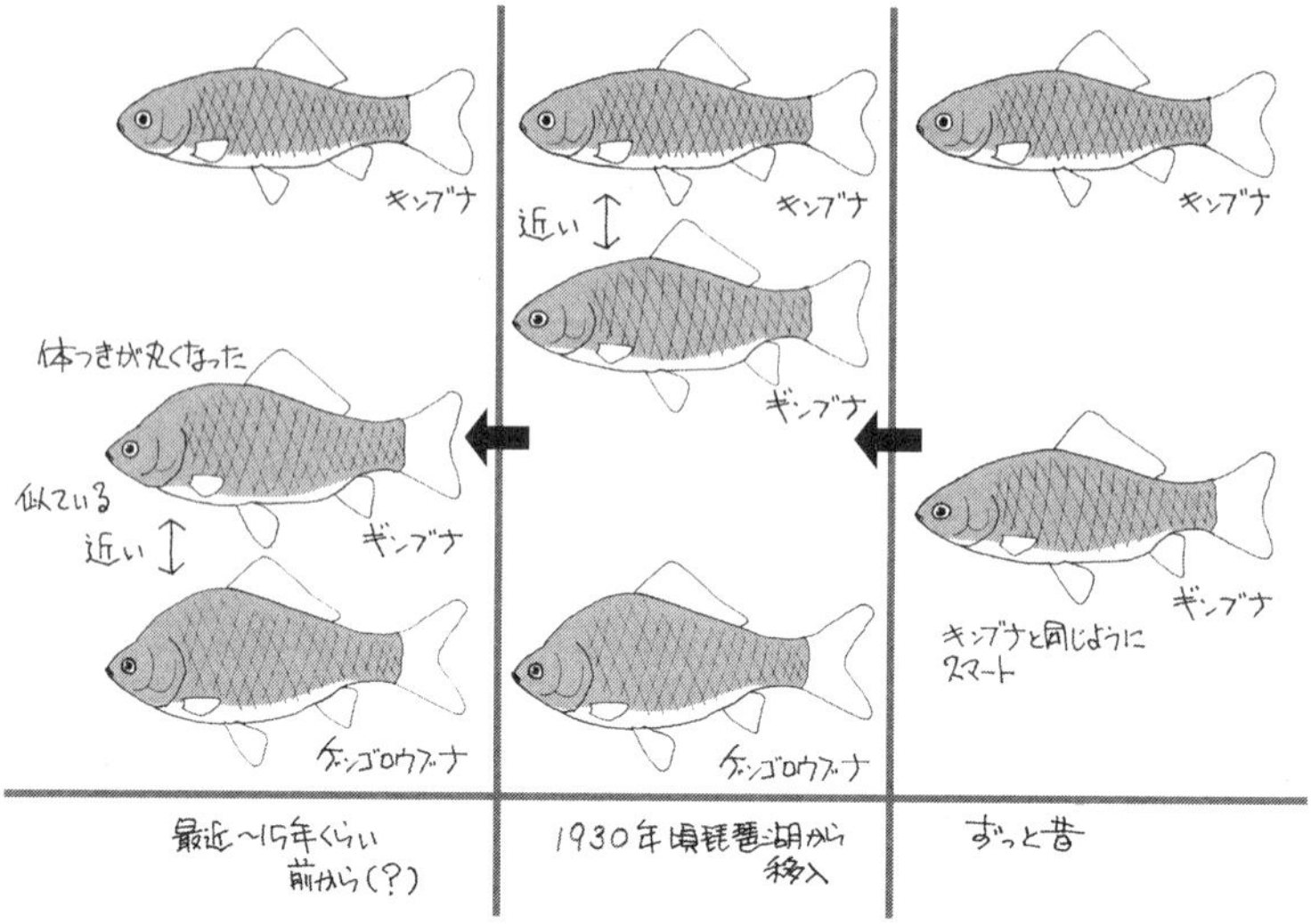

ご主人に話を聞くと、「どうもこのごろギンブナの体つきが丸く変わってきている」そうだ。昔はキンブナに似てスマートな体型だったらしい。図③は、少々大げさすぎるが、それにしてもここ一五年くらいのギンブナの体つきの変化傾向は、先代である父上の観察とも一致しているという。フナの漁獲量は統計上フナとしてしか扱われないので正確ではないが、最近はキンブナが著しく減少して、ギンブナとゲンゴロウブナの比率が高くなってきているのは事実だ。

それに、「乗っ込み」の時期も以前より半月くらいは早くなってきている。仕掛けた定置網にかかる時期が近年少し早くなってきたというのである。つまり、産卵の時期が早まったということだ。

ゲンゴロウブナの産卵期は三月中旬あたりからで、キンブナが四月中旬以降であるのに比べずいぶん早い。ギンブナはこれまでおもにキンブナに合わせて産卵してきた。それが最近、といってもいつからかはっきりしないが、ゲンゴロウブナの勢力拡大に合わせてギンブナも変化してきている。そう思いたくなるギンブナの産卵時期の早期化（ただし、近年の水温上昇も考慮する必要がある）、そして体つきの変化なのである。やっぱり、ギンブナは化ける?!　のか。荒唐無稽な「ギンブナお化け説」だが、私はすっかり自信をもってしまった。

ところが、このお化け仮説をゆるがす、驚くべき事実があった。

突然変異したギンブナ

西の海上に沈む夕陽が真っ白く凍りついた春採湖に赤く反射して目に眩しい。北海道の一月末にしては、その日の釧路の天候は穏やかで、私の研究所があるつくば市と比べてもそれほど寒さを感じさせない。この日私は、春採湖の天然記念物ヒブナの話を伺うため、釧路市立博物館に針生勤さんを訪ねた。

ヒブナは金魚の原種で、中国のフナ（中国語で「ジイ」）が突然変異で赤変したものとされている。元祖ヒブナの故郷は中国で、日本のフナとは異なっている。

ところで、春採湖のヒブナは一九三七年に国の天然記念物に指定されたが、そのルーツについては長年さまざまな憶説が飛び交っていた。そして、天然記念物指定から五〇年後の一九八七年、小島吉雄さんによってルーツが明らかにされた（『魚のはなし』一九八八年、技報堂出版）。

春採湖のヒブナには形態の異なる二種類が存在することが、一九八七年時点ですでにわかっていた。針生さんが、赤血球の大きさの分析からヒブナには二倍体と三倍体があることを明らかにしている。

二倍体のヒブナというのは、要するに金魚である。ここで種明かしのような話をしておくと、春採湖のヒブナが天然記念物指定される二〇年前の一九一六年（大正五年）に三〇〇〇尾の金魚が湖に放流されている。「おいおい、そりゃないよ」という声が聞こえてきそうだが、事実だ。もちろん、その前にヒブナが存在していれば問題はないが、針生さんによると春採湖のヒブナが紹介されたのは徳富蘇峰の旅行記に出てくるのが最初で、これが金魚放流より後のことなのだそうだ。

問題は三倍体のヒブナの正体だが、三倍体のフナといえばギンブナだ。

この問題に決着をつけたのが先の小島さんで、染色体を直接調べる方法でこう結論づけている。

つまり、二倍体のヒブナは大正五年に放流された金魚の子孫で、一方の三倍体のほうは突然変異によって赤変したギンブナである、と。そしてこれを針生さんの分析結果とつき合わせ、一件落着となったのだ。

ヒブナの素性がはっきりしたので確かに一件落着だが、私の関心はむしろここからだ。つまり、よくもギンブナは「突然変異」したなという素朴な驚きだ。本当によくぞ赤く変われたなぁ、と思う。そのおかげで、ギンブナは金魚のオスに相手にしてもらえるようになったに違いない。と、私はついつい想像をたくましくしてしまうのだが、針生さんによるとヒブナの相手が誰かはまだ未確認とのことだ。

ここまで、ギンブナの生き残り戦略として考えていたのは、ゲンゴロウブナならゲンゴロウブナに似たギンブナがたまたまいて、これが優先的にゲンゴロウブナと交尾することでどんどん自分自身のクローンを増やしていった、つまりもともとゲンゴロウに似たギンブナが増えていったというものだったが、春採湖の例はこの仮説に合わない。たまたま赤いギンブナがいたとは、考えられないからだ。

やはりいつの時点でか赤いギンブナが「突然」出現したのだろう。それから安定した？交尾の相手を得て繁殖していったと考えるしかない。つまり、ギンブナ自らが相手に合わせて（？）変身していく能力を遺伝的にもっているのではないか。事実そうだとすれば、ギンブナはやはりお化けだなぁと思うのだ。

……と、ここまで荒唐無稽な「ギンブナお化け物語」を述べてきたが、交雑の問題もあり、実のところフナは分類学的にも諸説あって複雑なのだ。まれにしかいないというオス（二倍体）のギンブナも、はたしてこれをギンブナと呼んでいいのかどうか、言葉の定義に関わる問題でもある。読者の皆さんには、フナというごく身近な魚がもつ神秘さを感じ取っていただければ、お化けの存在を信じてもらえなくても、私にとって十分だ。

したたかな生存戦略

それにしても、ギンブナのこのような生き残り戦略はどんな意味をもつのだろう？　母親の遺伝子をそっくり引き継ぐというやり方は、多様性の維持とはまったく逆の戦略だ。一族の全体的繁栄より、特定の個人の独占的繁栄となりかねないギンブナの生き残り戦略は、環境の変化によって壊滅的な影響を受ける危険性をもっている。

しかし一方で、そのときどきに繁栄している集団に身を寄せれば、とりあえずは子孫存続の道が断ち切られず、しかも自分自身の遺伝子をしっかり継承できるというのは、なかなかしたたかな生き残り戦略に違いない。

さて、かたくなに血筋を守ってきたゲンゴロウ、それぞれの地方で姿を変えて生き伸びてきたキン、そしてまさに変幻自在なギン…、フナ一族は、これからどんな栄枯盛衰のドラマをくり広げるだろうか。

写真④　水深は浅く、流れはゆるやかで、水草が豊富なイトヨの保護区。左側にバイパス水路が見える

清流魚イトヨは生き残れるか？
——生息可能区域の調査から

清流の魚のくさい棲み家

そのイトヨの調査地域は、私が勤める研究所から車で北に三時間ほど行った緑豊かな田園地帯にある（写真④）。初めてそこを訪れたのは、いまから二〇年ほど前の一九八五年頃で、同じ研究所に勤めるAさんと一緒だった。生息地を案内してくださったのは、栃木県で圃場整備事業を担当する加藤昇さんだ。イトヨは一九五四年に栃木県の天然記念物に指定され、圃場整備事業を行なう場合は、周辺にイトヨが生息していないことを事前に確かめておく必要がある。

調査した地域は、日光、那須の連山から麓に降りたあたりに広がる扇状地で、水田地帯のあちこちで見られる湧水で、イトヨはひっそりと暮らしてきた。

イトヨは背びれがトゲになった、体の大きさが一〇cmに満たない小さな魚だ（図④）。元々は、海と川、さらに細流との間を往き来する移動範囲の大きい魚だ。北半球の高緯度の海に生息していて、春先に川を登り、流れのゆるやかな細流に入り込んで水草の巣をつ

図④　背ビレのトゲが特徴のイトヨ

くり産卵する。生まれた子は水草の森の中で二～三ヶ月過ごしたのち、梅雨の頃に海に帰っていく。

こうした海と細流とを往復をくり返すうち、いつしか細流で一生を送るタイプのイトヨが現れた。これを陸封型イトヨと呼ぶ。その陸封型の太平洋側の南限が調査地域のあるあたりだ。イトヨは冷水域の魚で、夏場でも水温が二〇℃程度以上に上がらない水域でしか生きていけないのだ。一方の海と細流を往き来する遡河型イトヨの太平洋側の南限は利根川とされている。最近、河口から三〇㎞ほど上流の千葉県佐原市内の水路で見つかっている。

さて、加藤さんに陸封型イトヨの生息場所のいくつかを案内していただいて、ある生息場所にきたときだ。「くっさあ……」。

同行していたAさんと思わず小さな叫び声を上げてしまった。「何という臭気だろう」。湧水地帯に多いニジマスの養魚場がそのすぐ上流にあり、餌の食べ残しなのか、ちょっとした淀みにヘドロが分厚く堆積している。ひどい臭いはそこからのものだった。網を手にした加藤さんの太めの体がズブズブとヘドロに沈み込むのを、二人で鼻をつまみながら見守った。しかしここは水温が夏でも一八℃と低く、足を踏み入れなければ底にたまったヘドロが巻き上がることもない。ふだんは水中の溶存酸素も十分ある。また有機物も豊富なので、これを餌にする微小動物が多く発生する。つまり、イトヨにとっては意外にも、快適な環境なのだ。

調べ終えた赤く青く鮮やかな婚姻色をしたイトヨを元の棲みかに戻してやり、妙に納得した気分で「くさい棲みか」をあとにした。

分断された生息地

加藤さんには、その日もう一ヶ所の生息場所を案内してもらった。そこにも湧き水があり、そばには神社があった。

祠から湧水が流れ出て浅くゆるやかな一筋の小川となり、三五〇mほど下流でコンクリートの水路と合流する。このコンクリート水路は、圃場整備事業を行なう際にイトヨの生息場所である湧水に影響を与えないよう、迂回してつくられたバイパス水路だ（写真④の左の水路）。

このあたりは至るところに湧水が存在していた。そのために、水路を整備する際も底だけはコンクリートで固めることができなかった。湧水の圧力で底が浮き上がってしまうからだ。その結果、水路には概して水草が豊かに生い繁っている。これもイトヨにとって大切な環境となっていた。

しかし、天然記念物が生息するとされていた指定区間計七・五㎞のうち七㎞はすでに解除され、イトヨの生息状況は風前の灯火といってよい。いったいなぜここまで生息地が狭められてしまったのか？　はたしてイトヨの生息可能な場所は、どの程度残されているだろうか？

イトヨが生息可能な環境条件を探ってみることにした。これには、大学院生のT君が取り組んでくれることになった。

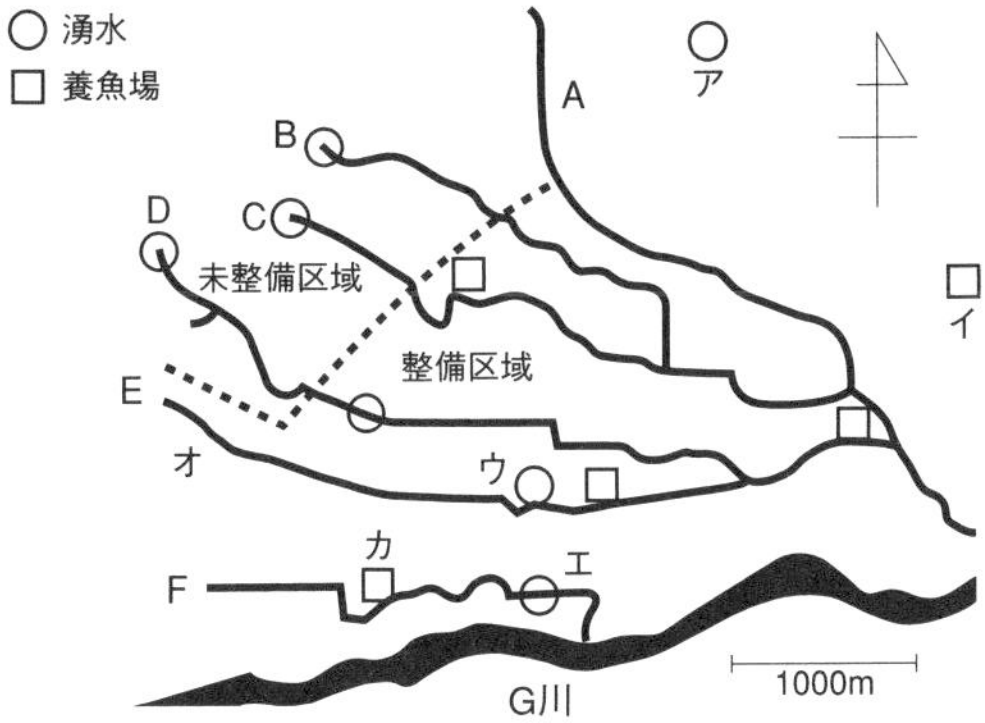

図⑤　調査対象地域内の位置関係および水源
図のア〜カで水質調査を実施。このうちイトヨの生息地はア〜エ。オは河川水の影響の強いところ、カは水田排水の影響が強い

四つの環境条件

調査地区は五〜六km四方のこぢんまりとまとまった流域で、ここに六本の水路が走っている。Aは水路というよりは川と呼ぶべき大きさで、B〜Eの四本の水路がこれに合流した後、さらに下流で那珂川支流のG川と合流する。B〜Dの三本はいずれも湧水を源としていて、途中で田んぼからの排水が流れ込む。EとFは那須疎水と呼ばれるかんがい用水の余り水を受けるとともに、田んぼの排水が流れ込んでいる。これら水路の総延長距離は二三kmほどだ（図⑤）。

昔はイトヨがたくさんいたといわれるこの小流域で、現在生息が確認できたのはウとエの二ヶ所だった。ウは、神社下の湧水で保護区になっている場所だ。先ほど紹介した「臭い生息場所」は、この地図からはみ出した位置にあるので省略するが、記号はイとしておく。もう一ヶ所、地図からはみ出した場所にある生息場所アは、町中を流れる湧水で、下流で田んぼのかんがいに利用されている。以上のア〜エ四ヵ所がイトヨの生息する地点だ。さて、どのような条件がイトヨの生存にとって必要なのか。いまなおイトヨが生き続ける四ヵ所の生息地の環境を調べることで、生存のための必要条件を探ってみよう。

(1) 水温二〇℃以下

まずは水温だ。イトヨは夏場に水温が上がりすぎると生きていけない。その限界は二〇℃あたりとされている。

ア～エの四ヶ所の水温は最高でも一九℃と、二〇℃を下回っていた。また最低は一三℃で、夏に冷たく冬暖かく感じる湧水の特徴を示している。最高と最低の差は六℃、平均が一五℃で河川水と比較すると変化の幅が小さい。ちなみに、オは川から引いたかんがい水路だが、この場所の水温は最高二二℃～最低二℃と、湧水よりかなり変化の幅が大きい。またカは、田んぼからの排水の影響を強く受ける場所だが、夏に田んぼで温められた排水が混じる結果、水温は二六℃まで上がっていた。

このことからイトヨが生きていける水温を二〇℃以下とし、地図に示した二三㎞のうち条件をクリアする区域はどれくらいあるかを調べてみた。その結果、最高水温が二〇度以下の区域は全体の半分に満たないことがわかった（図⑥（1））。

⑵酸素濃度の重要性

水質で重要なのは酸素濃度だ。酸素は水が冷たいほど多く溶けるので、冷水を棲みかとする魚は暖水に棲む魚に比べ酸素要求度が高い。イトヨが必要とする酸素濃度も高いはずだ。具体的にはどれぐらいだろう?

魚には魚種ごとに生息に適した水温があり、その「適水温」で物理的に溶け得る酸素量（「飽和酸素濃度」）の五〇％を下回ると影響が出るとされている。イトヨの適水温を一五℃程度とすると、五〇％値は五㎎／ℓになる。実際、イトヨの生息場所（ア～エ）で測った溶存酸素濃度も、最低で五㎎／ℓ、最高で一一㎎／ℓ程度だった（表①）。しかしこの溶存酸素濃度五㎎／ℓという値は、決して十分な条件ではない。というよりも、この程度の値ではきれいな水という感じがしないのだ。

図⑥　各調査ポイントから割りだしたイトヨの生在的棲息可能区域

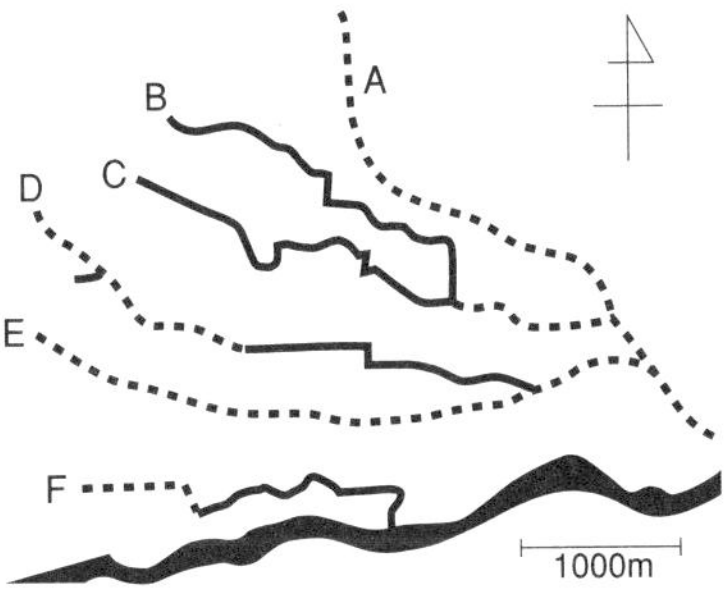

（1）年間最高水温が20℃以下の区域（実線部分）

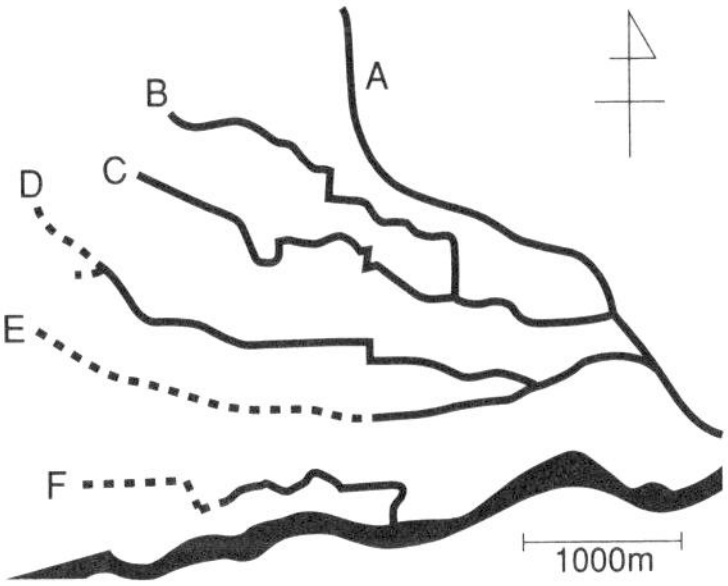

（2）水草が相当程度存在する区域（実線部分）

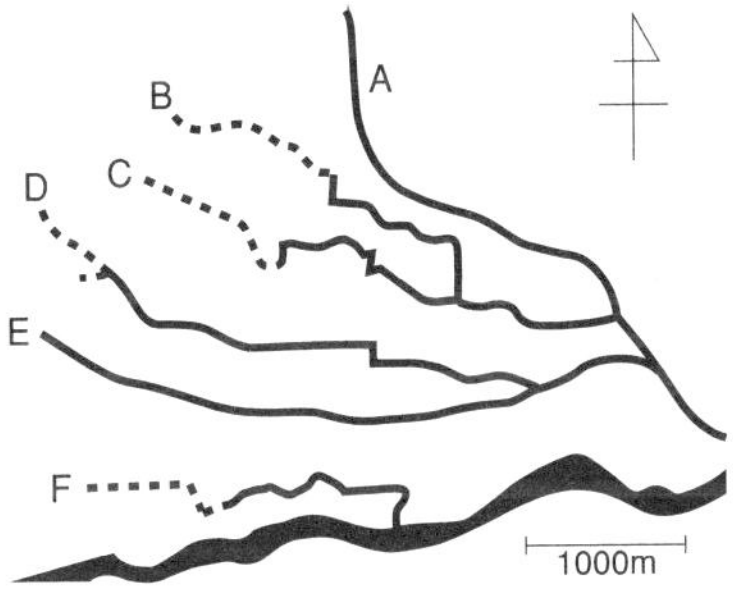

（3）年間にわたり流水のある区域（実線部分）

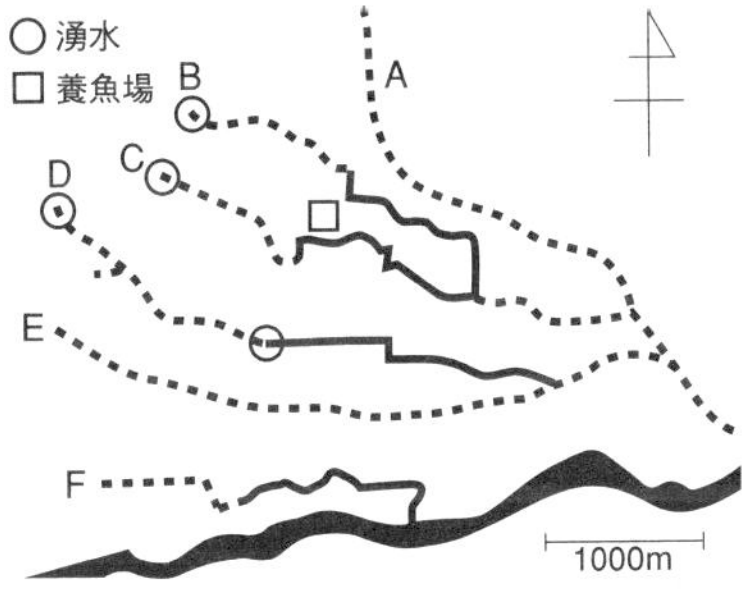

（4）イトヨの潜存的生息可能区域（実線部分）

表①　各調査地の水質・水温

	ア			イ			ウ			エ			オ			カ		
	最高値	平均値	最低値	最高値	平均値	最低値	最高値	平均値	最低値	最高値	平均値	最低値	最高値	平均値	最低値	最高値	平均値	最低値
水温（℃）	17.3	14.6	12.9	19.3	15.6	14.0	18.3	14.5	11.9	17.9	15.3	14.2	21.7	11.4	2.4	25.6	15.8*	15.2*
pH	6.9	6.2	5.4	7.0	6.2	5.7	7.0	6.2	6.2	8.1	7.1	6.8	8.2	7.5	6.8	7.7	6.9	6.2
DO（mg/ℓ）	9.3	7.9	5.5	7.9	6.8	5.0	10.7	7.9	5.6	9.6	7.3	5.2	12.7	9.6	7.2	10.5	8.7	5.9
T-N（mg/ℓ）	4.3	3.1	2.4	4.5	3.2	2.3	3.5	3.2	2.7	4.6	3.6	2.4	1.5	0.6	0.4	6.4	3.1	1.8
NOx-N（mg/ℓ）	4.2	2.7	1.8	3.2	2.7	2.1	3.5	2.7	2.0	4.4	3.0	2.1	1.1	0.4	0.2	2.3	1.4	1.5
T-P（mg/ℓ）	0.04	0.02	0.01	0.57	0.35	0.14	0.07	0.03	0.01	0.05	0.03	0.01	0.13	0.05	0.01	0.10	0.05	0.01
COD（mg/ℓ）	2.5	1.3	0.6	4.4	3.0	1.7	2.8	1.4	0.4	2.0	0.9	0.3	3.0	1.9	0.9	3.6	2.4	1.0

*冬期は水路に流水がなく滞水するため、日中は高い値になっている。

（各記号の意味）pH：水素イオン濃度、DO：溶存酸素、T-N：全チッソ、NOx-N：酸化態チッソ（亜硝酸態チッソと硝酸態チッソの総称）、T-P：全リン、COD：化学的酸素要求量地上に湧き出たばかりの湧水の溶存酸素濃度は、清冽な透明感とは裏腹に意外と低い。水が地下をゆっくりと流れる間に水中の有機物が分解され、それに伴って酸素が消費されるからだ。しかし、水草が繁茂していれば心配はいらない。水草は光合成の働きで水中に酸素を供給する。そのため昼間の溶存酸素が「飽和濃度」を超えて過飽和になることがある。最高値一一mg／ℓは、この過飽和状態を示したものだ。

一般に、水草の豊富な水路では溶存酸素が日中は多く、夜は呼吸のために少なくなる。また、光合成の活発な夏場は多く、冬場に低くなる季節的な変化も周期的にくり返している。水草の役割はこれ以外にも非常に大きく、このあとの(3)でふれる。

ところで、例の「臭い生息場所イ」の溶存酸素濃度はどうだっただろう。

実は、最低値の五mg／ℓはここで得たものだった。しかし、この値はほかの生息場所で得た五・二～五・六mg／ℓと比べてそう低いものではない。最高値の八mg／ℓもほかの九～一一mg／ℓと比べて、大きな違いはなかった。

イの溶存酸素濃度が最低となった理由は、養魚場の餌による有機物が流水に含まれ、それが大量の微小動物を発生させて、イトヨの餌を供給する一方、それら有機物をバクテリアなどが分解する際に大量の酸素を消費するためだ。水中の有機物質濃度を測るCOD（化学的酸素消費量）値が、イで平均三mg／ℓともっとも高いのはそのことを裏付けている。ほかの生息場所では、どれも平均一mg／ℓ程度とかなり低い。その意味でイの水はやはり清浄とはいえない。

そのほか、イトヨの生息場所の水質は湧水、つまり地下水の特徴を強く持っている。

湧水は透明感がとても強いが、見た目の清浄な印象と異なり、種々の物質を含んでいることがある。とくに近年、湖沼の富栄養化がなかなか解決しない問題として憂慮されているが、その原因物質の一つであるチッソが湧水に多く含まれていることがある。湧水に含まれるチッソは、工場排水や生活排水のほか、畑にまいた化学肥料や家畜の排泄物によるものもある。

各生息場所のチッソ濃度は平均で三mg／ℓ程度で、大部分が硝酸態チッソの形で存在していた。酸素が十分にある環境でチッソが多量に含まれているという状況だ。現在、定められている環境基準では地下水のチッソ濃度は一〇mg／ℓ未満となっている。調査結果はそれより少なかったが、硝酸態チッソを多く含む水を乳児に飲ませ続けるとメトヘモグロビン血症という病気を引き起こす恐れもある。安心はできない。

また湧水には炭酸が含まれていることも多い。飲むとスッとした清涼感があるが、水は酸性に傾く。生息場所のｐＨは平均して六・二と、中性を示す七より少し酸性だった。

(3)水草の役割

水草は、イトヨにとって営巣材料になるという意味でとくに重要だが、魚やそのほかの動物に不可欠な酸素を水中に供給し、メダカのところで述べたように危険を避ける避難場所や、ゆっくり休める休息場所として、さらに餌になる小動物が育つ場所としてなどさまざまな役割をもっている。水草は環境条件としてとても重要だ。

水草といってもその種類は豊富だが、生活の形態から見て次の四種のパターンに分けることができる。

①沈水性水草　…全体が水中に没した状態で生育するもので、キンギョモという名で親しまれているマツモや、水中花が美しいバイカモなど、茎と葉が分かれているもののほか、メダカの避難実験で模型にした（四九頁）セキショウモのように、根もとから数本の長い葉が流れになびくものがある。

沈水性水草はほかのタイプに比べて、水中への酸素供給能力が格段に高い。

②抽水性水草　…体の一部が水面上に出るタイプで、ヨシやガマのようにすらっと背高く伸びるもののほか、セリやクレソンのように背の低いものがある。ヨシやガマのように背の高いものは、水中への酸素供給は期待できないが、根のまわりに酸素を送って、無酸素状態で生じる硫化水素といった有害物質から自分の根を保護している。

③浮葉性水草　…根は水底に張って、葉を水面に浮かべるタイプだ。大型の花が美しいハスやクリに似た味の種子をもつヒシなどがある。このタイプは流れのない池沼がおもな生育場所だ。水中への酸素供給は期待できない。

④浮遊性水草　…このタイプの代表はウキクサだ。根が水底に固定されないので流れに乗って、あるいは風に吹かれて水辺を移動する。このタイプも流れのない池沼がおもな生育場所だ。これも水中への酸素供給は期待できない。

このように見てくると、①の沈水性水草がもっとも多様な役割をはたしていることがわかる。沈水性水草が豊かに繁茂する水辺は豊かな自然環境を保っているといっても間違いないだろう。それでは、沈水性水草が繁茂するにはどんな条件が必要だろうか？　キーワードは、光と流れと栄養だ。

全体が水中に没した状態で十分な生育が可能となるには、太陽の光が十分に届く必要がある。その意味で、水自体が透明で水深は浅い必要がある。

湧水は地上に湧き出た時点で高い透明性があるが、水が富栄養な状態だと、もし池などで滞留すれば水温上昇も手伝って藻類が増殖し、たちまちのうちに透明性が低下してしまう。こうなると光が水中に十分届かなくなり、水草の成長が阻害される。糸状性藻類が水草にからみついてダメージを与える場合もある。しかし水が貧栄養であれば、池でも水草への光の影響は小さい。

したがって水温が低く、チッソなどの栄養成分が少なく、浅くてさらさらと流れるところが、沈水性水草の理想的環境といってよいだろう。

湧水は、富栄養の場合もあるが、池などに滞留しなければ、沈水性水草の生育についてあまり心配しなくてよい。事実、イトヨの生息地では一一九頁の図⑥(2)のとおり、相当程度の密度で沈水性水草が存在する区域が多かった。

図⑦　イバラトミヨ

●精緻で見事なイバラトミヨの玉巣

山形県と秋田県の県境にたたずむ霊峰鳥海山は日本海に近く、そのため鳥海山に発する川は短くて急だ。その一つ、月光川が米の一大産地庄内平野に下ったところに遊佐という町がある。

遊佐は豊かな湧水の里だ。

月光川から引いたかんがい水路が田んぼを潤したあと町中を流れている。以前は水路沿いの各家庭で、こんこんと湧き出る清浄な水が、生活用水として利用されていた。その小さな水路は八面川と呼ばれ、春は並木の桜、夏は蛍が飛び交う、町の人にとって親しみ深い水辺になっている。

この水路に、イトヨと同じトゲウオの仲間であるイバラトミヨが暮らしている。イバラトミヨはイトヨのような赤と青の派手な婚姻色ではないが、黒っぽく金色に染まったオスはなかなか渋くてよい（図⑦）。

このイバラトミヨを地元の人たちも大事に見守ってきた。酒田駅前でラーメン店を経営する鈴木康之さんや山形県職員の飯野昭司さんは、その中心人物だ。あるとき、八面川の護岸改修工事の話が持ち上がり、鈴木さんたちは工事の間、イバラトミヨをどこかに避難させておく必要があると考え、保護池を造った。私も改修計画が持ち上がったときから、たいした支援にもならない手伝いをさせてもらっていたが、保護池が完成してしばらくして、みんなでイバラトミヨの営巣の様子を調べようということになった。トゲウオ類の営巣と産卵はとてもユニークだが、自然の中でのやらせでない産卵行動はまだほとんど知られていないからだ。しかし、以前から保護池の状態で気にかかっていたことがあった。池に水草があまり繁茂していないのだ。

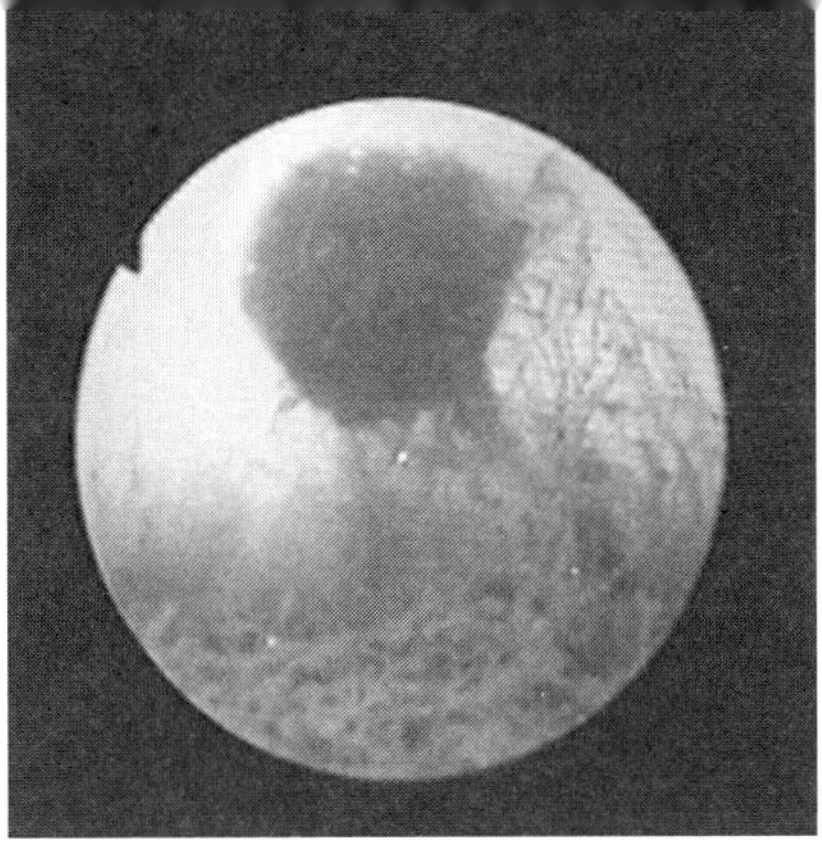

写真⑤　イバラトミヨが、糸状性藻類だけでつくり上げた玉の巣

理由は田んぼの排水に含まれるチッソやリンといった肥料成分によって池が富栄養化し、藻類が繁茂して水草を駆逐してしまったせいだ。なかでもやっかいなのは、糸状性藻類だ。皆さんの中にも、楽しんでいたアクアリウムの水草が糸状のもやもやしたものに取り巻かれ、枯らしてしまった経験をおもちの方もいるだろう。池という流れのない止水域では、この糸状性藻類が増殖しやすい。そうした藻類が繁茂して水草が十分に生育できない環境で、はたして営巣できるのか気にかかっていたのだ。

だが、訪れてみてびっくりした。なんとイバラトミヨは、糸状性藻類を一〇〇％材料にして、ピンポン玉ほどの見事な球形の巣をつくり上げていた！　底の土から、ほんの二㎝ほど浮いているが、糸状性藻類が巣を底土に固定するロープの役割も果たしている。この巣に気付いたとき、すでに産卵は終わっていて、中をのぞくと三㎜ほどの卵塊が白く光っている。あたりにはこんな緑色の玉がいくつもつくられている（写真⑤）。

いったいどうやって？　水草の切れ端を口でくわえて積み重ねるぐらいはまだわかる。しかし糸状性藻類を編み上げるというのは、ちょっと想像がつかない。私たちはイバラトミヨの巣づくりの腕前に敬意を表したのだった。

これで不安は解消したが、糸状性藻類よりは沈水性の水草が繁茂する水辺が格段に良好な環境といってよく、簡単ではないが、そんな環境づくりをめざすべきだとあらためて思った。

この日は、緑の玉の巣が舞台とはいかなかったが、枯れ枝と水草混じりの巣で、オスがメスを巣に導く際の微妙なバイブレーションなど、トゲウオ類独特の産卵行動を観察することもでき、幸運だった。

イトヨの生息可能区域

さて、ひととおりイトヨ生息場所の水質は把握できた。生息地の水質条件を満たす区域はどの程度あるだろうか？

pHは中性から大きくはずれなければ問題ない。チッソは湖の富栄養化や飲料水への影響を考えると無視できないが、イトヨの生息という点ではほぼ問題なしといってよいだろう。条件として重要な項目は、溶存酸素とそれに影響を与える有機物だ。周辺は純農村とはいえ民家も点在しているので、生活排水の影響が多少気になる。

調査の結果、イトヨ生息場所と比較して、水質上問題となる場所はこの流域にはなかった。気になる生活排水も、屎尿はくみ取りで、台所や風呂などから出る雑排水は庭先浸透で処理され、排水が水路に直接出ていかないように工夫されているため、水路の水質に大きく影響はしない。

一方、このあたりは水田地帯で、農薬の影響が気になるが測定はできなかった。今日ではさすがに毒性の強い農薬は使われていないが、遺伝的な影響の可能性は否定できない。今後の重要課題だろう。が、とりあえず、イトヨの生息可能な水質としては、流域周辺でとくに問題はないと判断してよい。

これに次の環境条件、水温が一年を通じて「二〇℃以下」の区域、「水草が相当程度の密度で存在する」区域、そしてもう一つ重要な条件の「一年を通じて流水が存在する区域」（図⑥の⑶）を重ね合わせると、図⑥⑷が得られる。すると、イトヨが生きられるのは調査区域計一二・五kmのうち五・三km、つまり、年中枯渇しない湧水および養魚場の下流一km程度という結果になった。

イトヨが栃木県の天然記念物に指定されたのは一九五四年のことだが、この時点ですでに戦後の復興は相当進み、地下水のくみ上げなどが湧水に影響を与え始めていたかもしれない。だからこそ、イトヨを守るべく指定がなされたのではないか。その後経済成長が加速度的に進み、いまやイトヨの生息可能な区域は、指定当時の半分程度にまで減少して、分断の度を深めている。イトヨの生息は、まさに風前の灯火といっても過言ではない。

田んぼが守るイトヨの未来

イトヨが生き延びるには湧水が決定的に重要だ。その湧水を守るうえで参考になりそうな話がこの地域に残っている。

江戸時代、この地域の上流で新田開発が行なわれ、かんがい水路が開かれた。しかしたった四kmの水路を流下する間に、かんがい水の多くが地下にしみ込んでしまったという。きわめて無駄の多いかんがい水路だったが、おかげでこの地域の地下に豊富な地下水や湧水が供給された。

明治以降もかんがい水路は延々と開削されたが、土質のゆえか、相変わらず十分な水が流れることはなく、田んぼの開発はままならなかった。この地の地下水を潤し続けたのだ。

戦後の復興期の一九五〇年代前半になり、この地にも一気に田んぼが拓かれた。豊かな地下水を汲み上げるポンプが普及したことが一因だろう。使いすぎれば湧水の枯渇を招く

写真⑥　水神様が祀られている湧水

が、汲み上げた地下水を田んぼに流せばかなりの部分はまた地下に戻る。

上流地域のかんがい水路は、その後、基盤整備事業が進むなかでコンクリートで補強され、ロスなく田んぼに通水されるようになった。かんがい水の地下浸透は途絶えた。しかし、大局的には田んぼにかんがいされた水の地下浸透によって、下流域の湧水の保全に役立っていると考えてよい。

湧水復活のためには、地域内の地下水利用を制限しつつ、上流側での地下水涵養を積極的に行なう必要がある。

具体的な対策の一つは、地下水位が低下する非かんがい期の秋から翌春にかけて水を流し、網目状に張り巡らされた排水路網を通じて地下に水を送ることだ。排水路の底は土のままのところが多いので、地下水涵養が可能だ。また田んぼがこれからも田んぼとして存続することが大前提なのはいうまでもないことだ。

湧水には砂漠の中のオアシスと同じ有り難みがある。生活やイナ作のための貴重な水源として人々に大切に扱われ、そこに水神が祀られることも多かった（写真⑥）。そうした中でイトヨも親しみをもって人々に保護されてきたに違いない。

しかし、水道が普及し、田んぼの水がかんがい水路から供給されるようになると、人々の目や足は自然と湧水から遠のき、イトヨだけがポツンと取り残されてしまった。いつの日か湧水が枯れれば、太古の昔から湧水と運命をともにしてきたイトヨの生命も消えることになる。残念だが、イトヨにはメダカのような逞しさはない。

七章

田んぼの魚をどうやって守るか?

課題は三つ――システム、水路、田んぼ

田んぼや水路の魚を守るために、何を、どうすればよいのだろう。これまでの話をふまえ、最後にこの問題を考えてみよう。課題は大きく分けて三つある。

一つは、田んぼのかんがい排水システムに関する課題だ。魚の自由な移動と生活を保障するために、現在のシステムの問題点を洗い出し、解決の方向を探る。

メダカは、これまで述べてきたように繁殖能力が高く、弱々しく見えて、どっこいしたたかな生き残り戦略をもっている。しかし、よく整備された現在の地域排水システムは、私たちの生活場所を洪水から守る一方、メダカなど、大川や湖でずっとは生きていけない小型の魚を一つ一つの小さな水系に閉じ込め、孤立させてしまっている。流されるままの人生を送るメダカ本来の生き方を、なかなかかなえてやれないシステムになっている。では、せめてどうすればよいか?

二つめの課題は、水路をどのように改善すればよいかだ。

水路の目的は本来、水を生活や農業に利用すること、そして地域を災害から守ることだ。そのうえで魚たちとの共存を図る必要があるが、これは技術の問題であると同時に経済の問題でもある。

一方、魚にとって水路は移動経路であるとともに、餌を採り、産卵する生活場所でもある。移動の障害となるのは水路内の落差と流速だ。餌や産卵については水路の形や構造が問題になる。また、水路の形や構造によって流速が影響を受ける。

水路にいろいろな魚やその餌などの生き物が暮らせること、つまり多様な生物の生活の場であるための条件として重要なのは、流れが多様であることだ。そこで、流れの多様性をキーワードとして水路の問題を考えてみよう。

最後に三つめの課題は、田んぼをどうするかだ。実際、コメを作りながら、田んぼを魚たちの棲む場所にしていくのは大変だ。たとえば、いきなり水を落とせば魚に大打撃を与えかねないし、農薬の散布がどんな影響を与えるかも大いに気になる。

田んぼのビオトープといっても、農薬を使えばその意義は大いに下がってしまう。「農薬を使ってビオトープといえるのか?」といった批判は少なからず耳にする。安全・安心な食料を求める国民の声も、過去にこれほど高まったことがない。

現在、日本の農業は技術的にも大きな岐路に立っていて、今後環境保全的側面で本質的な転換を図らなければ、生き残ることができないようにも思える。私が行なったささやかなイネの栽培試験を紹介しつつ、今後の方向を展望しよう。

水田かんがいシステムの改善

(1) 移動障壁の解消

現在一般的な用排分離システムでは、河川から取水された水は、かんがい水路から水田へ、水田から排水路を経てふたたび河川へ水へ戻る仕組みになっている。

課題の一つは、このシステムを魚が自由に移動できるように改善するということだ。以下のとおり、至るところで移動が阻害されている。

写真7－1　かんがい排水システムの課題の過半は水路の「落差」だ

①用水の取水セキ
②かんがい水路内の分水工
③水田とかんがい水路のつなぎ目（パイプライン化）
④田んぼと排水路の落差
⑤排水路内のセキ・落差工
⑥かんがい水路余水吐と排水路の落差
⑦幹線排水路放流口と河川との落差
⑧流れの速すぎるかんがい水路
⑨非かんがい期の水のないかんがい水路

①、④、⑤、⑥、⑦は、すべて落差の課題であり（写真7―1）、②も含め技術的には解決可能だ。このうち、⑥の余水吐は用水系（かんがい水路）と排水系（排水路）をつなぐバイパスとして重要な役割をもち得る。いまの用排分離システムでは、魚は田んぼを介してしか用水系と排水系との間を往き来できないが、③の障害があるため、実際は移動できずにいる。しかし写真7―2のような余水吐《よすいばき》（水位が上がり危険になったときに水を逃がす施設）を魚道化すれば、川から侵入した魚が行き止まりで立ち往生せずに川に戻ることができる。

次に用水系と排水系がつながったとして、⑧の速すぎる流れをどうするか、だ。メダカが排水路からかんがい水路に移動できたとしても、現在の三面コンクリートが一般的な水路の流れは相当速い。

写真7－2　用水路の余り水を排水路に捨てている。「余水吐」を魚道化できれば魚の移動経路も広がる

水路のコンクリート化をやめて流れをゆるやかにすることは技術的にもちろん可能だ。しかし、送水量を変えずに流速を半分にすれば、水路の断面積は二倍必要だし、水深を変えないとすれば水路の敷地面積が二倍必要になる。そのぶん、田んぼの面積を減らさなければならない。このための経済的負担を誰が負うか？　今後、用水系（かんがい水路）を魚の移動経路として、また生活の場として見直すにしても、この問題をどうするか、維持管理面も含めて探る必要がある。

ただ、やはりメダカは用水系の流れには耐えられない。仮に用水系を上流に登って川に出て行けたにしてもメダカによいことはあまりない。用水系はコイやナマズ、あるいはオイカワやウグイといった、いつもは大川に棲む大型魚や流水性の魚にとって重要な意味をもつと考えればよい。

(2)冬場の水の確保

もう一つ、⑨の非かんがい期に用水系に水がなくなるという課題は「水利権」が関係してくるだけに、そう簡単に解決しない。

水路や水は元々農業のためだけに使われていたのではない。生活全般に多様に使われていたのだ。しかし戦後の高度経済成長期に上水道が普及し始めると、その役割を急速に失う。こうして水自体は田んぼのかんがい用のみに、水路は家庭からの排水を流す先としての役割をも負うようになった。

わが国では、過去長らくコメ作りのために有限な水資源をめぐって、たえず緊張関係を保ちながら緻密な水利慣行が形成されてきた。この水利慣行は、明治期に制定された「河

写真7－3　かんがい水路からつながるように造成された池

川法」で慣行水利権として法的効力を認められる一方、一九六七年の改定以降、水田開発で新たに得た水利権は許可水利権として、おおむね一〇年ごとに見直しがなされてきた。この許可水利権では取水量と取水期間が定められている。このため、一度、冬場の水は必要ないと判断してしまうと、それ以降も冬は水が確保できなくなり、見直しの際にも冬水の取得は容易でなくなってしまう。

最近、宮城県では、冬場に田んぼに水を入れて渡り鳥のガンの餌場にするという試みが始められている。このほか、昔から住民に親しまれてきた歴史のある用水堀など、いったん冬場の取水を放棄したけれども、もう一度桜並木やホタル飛ぶ水辺として復活しようといった住民の要望も少なからず出てきている。今後、田んぼや水路の多様な役割をもう一度見直し、年間を通じ水で潤う水辺を再生することがもっとあっていいと思う。

(3)水路に池や湿地を造成

冬場の水はもちろん確保できればそれにこしたことはないが、地域の水事情はさまざまだし、実のところ、新たな冬水の確保は簡単ではない。

そこで、考えられるのは用水系の途中に池を造成して、水がなくなったときの魚の避難場所とすることだ。写真7―3は、佐賀県でかんがい水路の途中に造成された池だ。

このほか、現在一般的なかんがい水のパイプライン化を前提に考えれば、用水系の開水路の最後に設置されるポンプ場を魚の棲みかとして見直してもよいかもしれない。川から引いた水はかんがい水路でポンプ場まで運ばれ、そこから先、田んぼまではパイプラインになっている。いまのところ、ポンプ場は経済性も考慮して最小限度の容量しかもってい

図7－1　新たな水ネットワークのイメージ——断点解消・湿地造成・排水路セキ上げの例

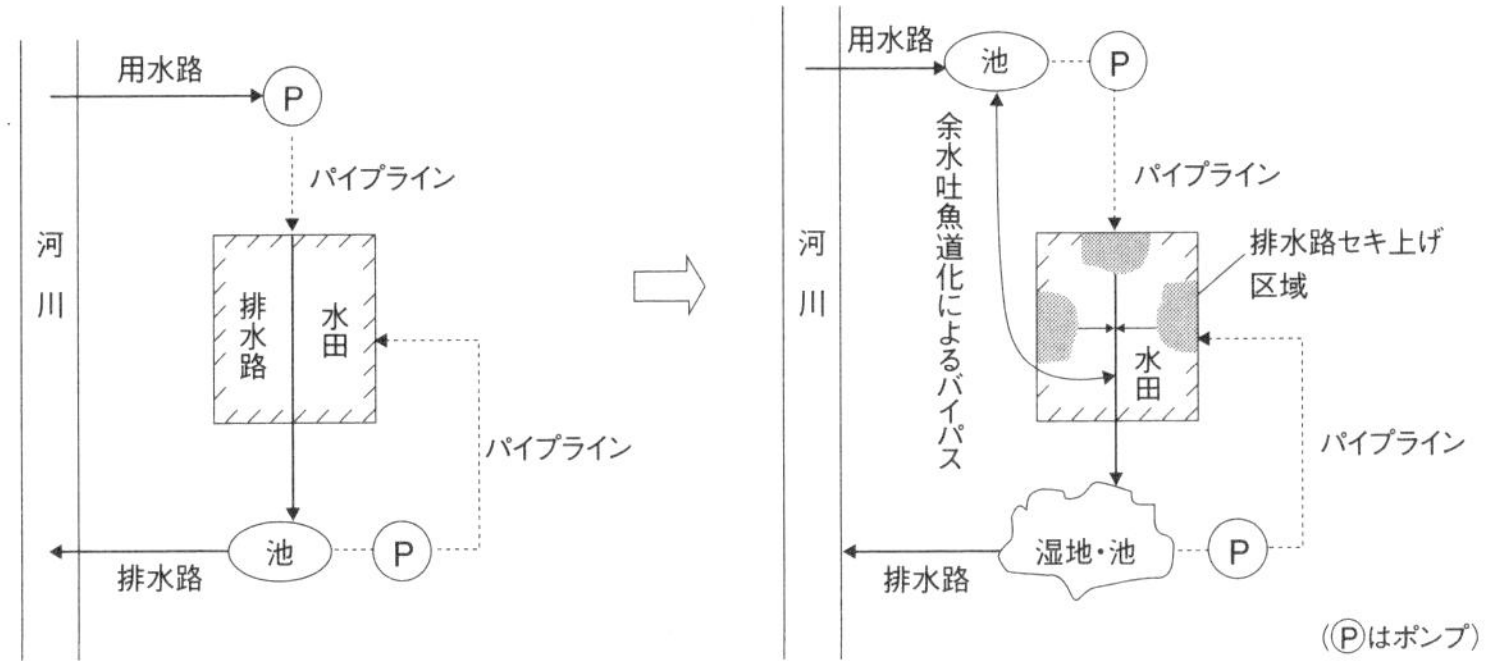

ないが、このポンプ場をゆったりとした池にして排水系とつなげば、田んぼをバイパスして用水系とつながる。

さらにいえば、排水系の最後に貯水池、あるいは湿地を造成するのも一つの方法だ（図7—1）。

実際、排水系の最後に貯水池が設置され、そこに貯めた水をもう一度田んぼに送ってかんがい水として循環利用するケースは少なくない。この方法は水が足りない地域では当たり前に行なわれてきた。

このような貯水池の役割を見直して、たとえばビオトープや水質浄化能など多様な役割をもつ公園として整備することも検討されてよいのではないか。

(4)パイプラインシステムを克服する
——田んぼと水路の一体化

一三二頁に挙げた移動障害で結局残ったのは、③のかんがい水路のパイプライン化だ。

現在、パイプライン化が一般的といっても地域差はある。山間地域では、かんがい水路に傾斜をつけることができるので、あえてパイプラインにしなくても水を送ることができる。逆に、川の下流域の平坦な地域では、水路に勾配をつりにくいため、パイプライン化の必要性は高まる。

パイプライン化は維持管理費が高くつくが、蛇口をひねれば水が入る便利さにはかなわないというのが農家の実感だろう。魚にとってパイプライン化がよくないのは誰でもわかるが、この便利さを否定してまで、農家に一方的な負担を押し付けてしまうことはできな

写真7－4　新たな用排水路の可能性
セキ上げによる漏水防止（右）が、その上流で水路と田んぼを一体化させる結果になっている（左）

い。最後の選択はあくまで田んぼや水路の維持管理を担う農家に委ねられる。

ところで、パイプライン化は用排分離システムを前提として成り立つ方法だ。用排分離システムでは、どうしても田んぼが魚の移動を断ち切る〈断点〉となりがちで、たとえパイプラインでなく開水路でかんがいしても、かんがい水路と田んぼとの連絡をうまくつけられない場合が少なくない（三二頁の写真2―6）。しかし、第1章で紹介した岡山県の調査地のような用排兼用のかんがい方法を復活させるのも、現代では難しい。水路と田んぼが水で一体的につながれば魚にとってすばらしい環境だが、共同作業が前提になるため、隣は隣、うちはうちといった考え方が当たり前の今の時代にはそぐわなくなってきている。かんがい技術も、実はそうした時代の変化に合わせて進展してきたというのが実際の姿だ。

では、現代の用排分離・パイプラインシステムを前提とした田んぼと水路の一体化は不可能なのか？

考える糸口は写真7―4にある。これは多量の漏水を防ぐために排水路をセキ上げしているところだ。場所は茨城県の田んぼだが、漏水防止のセキ上げが、結果として水路と田んぼをつないでいる。このセキを魚が自由に移動できる小さな段差でつなげば、田んぼまでは一直線だ。

ここではセキ上げの前に水路に入りこんでいたメダカやモツゴが田んぼで泳ぐ姿を毎年見かけるそうだ。私も何度か現地を訪ねているが、田植え前の水を張った状態でドジョウが産卵しているのを偶然目撃したことがある。あわててビデオカメラをまわしたが間に合わず、波立つ水面しか映っていなかったが、そうした光景もごくふつうに見られるようになる。

写真7－5　排水路をセキ上げして簡易魚道に
（琵琶湖畔の試験地）

排水路をセキ上げしてそのものを簡易な「魚道」にしてしまう方法もある。琵琶湖畔の田んぼで私が試験のお手伝いをしているのが、それだ（写真7―5、および次頁囲み参照）。

この場合は、排水系のもっとも上流側、つまり一番奥に位置する田んぼを使う。田んぼと水路の一体化とは、いいかえれば洪水をあえて起こすようなものだから、上流から水が来ない田んぼを利用するのが安全なのだ。試験を担当した滋賀県農村整備課の田中茂穂さんによれば、排水路の一番奥から二割程度まで一体化させても安全性は確保できるという。ちなみに琵琶湖の水位より八〇cm以下の高低差の田んぼは、琵琶湖岸から一km以内の範囲に七六〇haある。二割とすると、このうちの一五〇haの田んぼが魚の遡上田として活用可能だ。

すでにそうした田んぼを使って、ニゴロブナの仔魚を放流して育てようという試みも始まった。鮒寿司の材料として知られるニゴロブナも、今ではすっかり減少してしまっている。その復活を願って、平成十五年に一四haの田んぼに五六〇万尾放流され、二一〇～二五〇万尾が流下したと推定されている。この数字は、従来から行なわれている栽培センターの種苗放流にほぼ匹敵する。現在、県の水産試験場では琵琶湖に戻るニゴロブナの成長ぶりを調べているが、田んぼで育った稚魚はほかのニゴロブナより体格がよいそうだ。

これからは、あえて仔魚を田んぼに放流しなくても、ほかの魚たちと一緒に自然に田んぼに登ってくれるだろう。ほかの魚や生き物との共存を考えればニゴロブナだけを育てるのは邪道かもしれない。しかし、湖岸周辺の田んぼを活用すれば、資源価値の有無などということを気にする必要などまったくないくらい、田んぼは〈魚のゆりかご〉として限りなく大きな能力を発揮してくれるのだ。

●もう一つの「魚道」の試み

セキ板によって徐々に水位を上げて田んぼの面に近づければ、比較的簡単に魚を田んぼに登らせることができる——。この発想の「魚道」は、直接田んぼに付けるタイプのもの以前に考えていた。どうしても大がかりな試験にならざるを得ず、適地がないためにしばらく私の頭の中で眠っていたものだ。セキ板を着脱可能なように工夫すれば、水の必要なかんがい期は漏水を防ぎ、非かんがい期には外して、排水をよくすることもできる。私はこのアイディアを「魚のゆりかご水田プロジェクト」という試験事業が二〇〇〇年、滋賀県で始まるときに提案した。

この方法は、すでに整備済みの排水路に対してどううまく適用するかがポイントで、組み立て柵渠上部の土手の浸食防止や田んぼの排水口との接合など、現場をよく知ったうえでの細かい工夫がとても重要なのだが、そのあたりは試験を担当された田中さんや上野さんたちが実によく知恵を絞って実現した。排水路を少しずつセキ上げるという私の提案はただのアイデアであり、それを現実のものにするための努力こそが大変な苦労を伴ったのはいうまでもない。

それとともに、地元の農家や土地改良区の方たちの理解と協力がなければできないことで、あえて〝水浸し〟になることを受け入れてくださった農家の皆さんの勇気と積極性には敬服させられた。

セキ板は手づくりすることは十分可能で、むしろ消耗品と考えたほうがよい。半永久的施設としてつくると、負担を特定の田んぼや個人に固定してしまって、継続が困難になる。何年かしたらまた別の田んぼで協力してもらうような計画的なローテーションを考えるほうが、現実的だ。

愛西土地改良区事務局長の西川さん自身、田んぼに魚を登らせることにハマってしまったように、田んぼの自然回復に理解のある農家は、滋賀県にかぎらず全国に増えつつある。こうした農家のいたって公共性の高い協力に対し、国をはじめ行政の各機関は公的な支援策を早く整えるべきだろう。

底を土として水路に多様な流れをつくる

(1)保全工法の役割を明確にする

これまでも生態系に配慮した水路の改良は試みられてきた。その努力は認めるものの、少し前まではコンクリートの護岸にただ魚巣ブロックを取り付けて事足れりとするような安直な対応もあった。そこには、生き物の理解もさることながら、生き物の身になって考えるという気持ちの不足からくる技術・工法への短絡的な過信があった。最近は新しく法律や制度が整備されてきたこともあり、生き物の目線で水路を捉えられるまでに意識が進んできたように思う。

水路は魚にとって生活の場であるかぎり、移動、摂食、産卵、避難、休息といった役割を備えている必要がある。保全工法を検討する際、表7―1に示したようにそれが魚の生活のどんな場面で役立ち得るのかをしっかりと意識すべきだ。そうすれば、たとえ失敗しても次に生かせる。

今日、かんがい水路はもちろん排水路もコンクリート製が一般的になり、さまざまに批

表7－1　おもな生態系保全に効果があると考えられている工法の魚類への効果

おもな改良工法		産卵場所の確保	エサの生育・確保	休息・避難場所の確保	多様な流れの確保	その他・備考
水路底	フトンかご・蛇かご	○	○水生昆虫 付着性藻類	○	○	
	木工・そだ沈床	○	○付着性藻類	○	○	
	置き石				○	多数置けばほかの効果も期待できる
	敷き土・砂	○	○水草 底生動植物			
法尻	魚巣ブロック・シェルター			○		
	詰杭・棚	○		○	○	
法面・後背馳	緑化ブロック		○陸上昆虫	○		
	河畔木植栽		○陸上昆虫	○		日陰による水温上昇の抑制
その他	魚道工（階段式落差工など）					魚の遡上
	小　池（水路と連結）					渇水期などの一時的生息場所

判されている。しかし、コンクリートがすべて悪いと考えるのは早計だ。景観上はあまりよくないかもしれないが、組み立て柵渠のように側壁がコンクリートでも底質を土にすれば、三面コンクリートよりはるかによい。底質が土のままなら水草が繁茂し、手を加えなくても底に凸凹ができるなど、多様な生息環境が形成されることが少なくないからだ。

(2) 多様性を育む

メダカにとって毎秒三〇cmを超える流速は危険だが、フナにとってはそうではないだろう。ドジョウには、底に泥が堆積しているほうが砂レキより好都合なのに違いない。その水路に多様な生き物が生きていくには、物理的に多様な環境条件が必要になる（写真7―6）。

おもな要素は、底の土とその上を流れる水だ。流れる水は天候によって水量や流速を変え、やがて水路の底に凸凹をつくっていく。陸地化した部分にヨシなどが侵入すると、そこがしだいに恒久化して、下流側には浅く淀んだ部分、対岸には流れの速い深みがつくられる。こうして、小さな水路にも速い・ゆるい、浅い・深い、といった流れの多様化が進む。さらに新たに侵入した植物が流れに影響を与えるようになり、環境の多様性が増していく。その結果、メダカやドジョウ、フナも一緒に暮らせる豊かな生活の場ができるのだ。そのうち人手が入って水路の草が刈られ、水通しがよくなり、それを出発点にふたたび生活の場がつくられていく。

このような多様な環境は、水路の両側がコンクリートでも底が土のままならある程度までつくることはできる。

写真7－6　多様な生き物が生きていくには、多様な流れを用意してやることが大事。上の２例は流れが一様であまりよくない。

ただし、水草は多様な環境の不可欠の構成要素と考えるべきだ。水草なしで生き物の豊かな環境はあり得ない。

(3)維持管理は楽しみながら

農家にとって水路の水草刈りは苦労の多い作業だ。魚や他の生きもののために水路をどうするかを考える場合、その維持管理方法の検討がとても重要だ。

霞ヶ浦湖畔の試験地が接している水路では、六月の第一日曜に早朝いっせいに草刈り作業が行なわれる。朝六時、草刈り機を積んだ軽トラが排水機場のそばに集結する。およそ二〇人くらい、ご婦人も少なくない。排水機場から二つ向こうの橋まで一km足らずの距離を、土手の両側に分かれてそれぞれの持ち場に着くや手早く刈り始めた。ものの小一時間といったところか、あっという間にあっけなく作業は終わってしまった。

六章その2で紹介したイトヨの生息地も水草がすごく繁茂している。ここにも七月の中旬、男性ばかり一〇人足らずが集まり、幅二mの水路二〇〇mほどの距離を、真夏の暑さでむんむんする水路の中に膝まで浸かりながら、水草や土手の草を刈り歩く。周辺はコンクリートの護岸が施さ

写真7－7 「玄手川水草苅り交流会」のーコマ
楽しく過ごすうちに水路の水草が整理されていく

れているが、水草が繁茂していて、作業中イトヨの子が見つかった。今度はさすがにあっけなくは終わらない。あろうことか転んだ人がいて、ずぶ濡れの体をみんなに助け上げられるというシーンもあった。一時間ほどの作業でいつもの休憩場所まで刈り進んで、ここで少休止と思いきや、みんなで車座になり一時間まるまるの休憩になった。しかし、残りはほんの五〇mほどで、こんもりと木々に包まれた日陰の水路をくぐり抜けると、そこはいつもの調査ポイントだった。ここまで二時間半はかかっていないが、半分は休憩していたような気がする。作業を終えて、また思い思いに腰掛けながら世間話の話が咲く。このあと、お昼に集会場で一杯やるそうで、私も誘われたが車の運転もあり、丁重にお断りした。

水草刈りはたしかにしんどい作業だが、何だかみんな結構楽しくやってたなあ、というのが印象だ。

今の時代、人が集まることは簡単ではないかもしれない。このために、何ごとにつけ、共同の作業が成立しづらくなっているのではないか?

富山県高岡市の玄手川という水路には、イバラトミヨが生息していて何度か訪れたが、水草刈りでユニークな試みがなされている。それは、近くの大学の学生たちの支援を受けるというものだ。

実際この水路こそ、気の遠くなるような作業が待ち受けている。腰まで浸かる深さにびっしりと水草が生い茂り、このままにしておくと大雨の時に水草が流れの抵抗となって、水路から水が溢れる危険性があるという。見ていると、農家とおぼしき数人の男性が一組となり、ふつうに見かけるよりひとまわり大きい鎌で少しずつ刈り進んでいく。上流に移

写真7－8　水遊びをしながらゴミ拾いをしていたドイツの子ども

動すると、そこにはきゃーきゃーと黄色い声がにぎやかな一団が、楽しい雰囲気の中でめいめいに不慣れな鎌を扱っている。学生の中に混じって指導する農家もなかなか楽しそうではないか。見ると橋の上に「玄手川水草刈り交流会」と書かれた横断幕が張ってある。「これは、交流会というよりは祭りだな」。それくらい、にぎやかで晴れやかな楽しさが感じられたのだ（写真7―7）。

●遊びながらゴミを拾う子ども（写真7―8）

一九八九年の夏、国際学会に参加する機会を得てドイツのミュンヘンを訪れた。駅で買った地図に小川が流れていそうな小さな町を見つけたので、空いた時間をみて訪ねた。ミュンヘンからオーストリアのザルツブルグに向かう電車で一時間ほどの駅を降りて地図を頼りにしばらく歩き、見当をつけていたその小川に架かる橋にさしかかったときだ。岸辺の緑濃いせせらぎに幼児が三人、四人と水遊びをしていた。周りには大人の気配がなく、ちょっと危なそうに思えて、子どもたちに近づいて驚いた。

何と彼らはその小川でゴミ拾いをしていたのだ！　遊びながらではあるのだろうが、身近な水辺を美しく保とうとする心、そしてそばに大人が誰一人いないことに感心してしまった。

鳴り物入りで子供にやらせるのではない。おそらく、ごくふつうのこととしてこうした情景が見られるのだろう。そこに大人と子どもの関係の成熟した姿を見る思いがした。そんな感じを抱きながら、私の故郷大阪（の十三という下町）にも、かつてはメダカの学校が実在したこと、そしてそれをのぞき込む子どもの私自身を思い出したのだった。

楽しいことが待っていると、そこに人は集まる。そうなのだ、水草刈りをいっそお祭りにしてしまえばいいのだ。これまで地域の防災まで含めて、多様な役割を担ってきた土地改良区という組織が中核となりつつも、行政、NPO、学校、非農家などなど、さまざまな組織・人とともに地域に開かれた水辺として、どう活かし守っていくか、その連携がとても重要になってきている。

生きものとイネを一緒に育てる試み

(1)メダカのいる田でコメをつくる

実際にコメをつくりながら、田んぼを魚たちの棲む場所とするのはなかなか大変だ。しかし、コメをつくる農家の足元で泳ぐ小ブナやメダカは自然との共生を具体的にイメージさせる理想の姿に思える。

私は霞ヶ浦畔の「魚道」を付けた試験地でコメをつくることにした。肥料も与えないことにした。水源となる霞ヶ浦の水は栄養に富んでいる。これをイネに吸わせて成長させ、合わせて水質浄化を図ろうと目論んだのだ。いうなれば、小ブナやメダカのビオトープを兼ねたコメつくりおよび水質浄化という、一石三鳥の試みだ。水質浄化もビオトープもそれだけで十分意味はあるが、コメもちゃんと穫れれば一つの農法としても成り立つと考えた。

試験地の田んぼは、砂地のため一日で五cmも減水するため肥料の保持能力は低い。しかも最近六〜七年は米をつくっていない。肥料成分はほとんど残っていないといってよい。

ここを農薬を使う区と、まったく使わない区の二つに分けて試験を行なうことにした。使用区の農薬は初期一発除草剤。田植え直後に一度だけ用いた。一方の無農薬区では、イネが負けてしまうような背丈の草は取り除き、背の低い草はそのままにした。ある程度の雑草は許容することにしたのだ。また農薬区でも、無農薬区と同様の雑草管理を心がけたが、除草剤のためほとんど作業はしなくて済んだ。

まず水質浄化の結果から紹介しよう。

(2) 湖沼の水は田んぼで浄化しやすい

湖沼の富栄養化の原因であるチッソについて、田んぼの浄化の能力を見てみよう。

まず、チッソを含む水といっても、アンモニア態、硝酸態、有機態のどれが主成分かによって、浄化の働き方が違ってくる。

アンモニア態チッソが多い場合は、まさに養液栽培をしているようなもので、栄養成分としてイネや雑草に吸収される。植物が存在しなくても、酸素が十分あれば硝化菌と呼ぶ微生物がアンモニア態を硝酸態チッソに変化させる。硝化といわれる働きだ。

硝酸態チッソも、栄養成分として植物に吸収されるが、一緒にあれば植物はまずアンモニア態チッソを吸収してから硝酸態を吸収する。アンモニア態のほうがアミノ酸合成が楽にできるからだ。

植物に吸収される以外は硝酸態チッソは嫌気的な微生物の働きでガス化し、大気中に放散する。「生物学的脱窒（だっちつ）」という現象で、酸素がない条件で生じる。この現象のため、せっかく肥料を与えても十分に効かないということがある。

表7－2　かんがい水と地表流出水の水質（美浦試験地）

	かんがい水	流出水（無農薬区）	流出水（農薬区）
SS（mg/L）	27.7	9.7	12.6
T-N（mg/L）	0.83	0.61	0.67
T-P（mg/L）	0.11	0.075	0.084
T-K（mg/L）	7.5	7.4	7.3
透視度（cm）	22.8	56.1	37.2

もう一つは有機態チッソが多い場合だ。この場合は固形物として水中に懸濁していることが多い。霞ヶ浦など富栄養化した湖沼の水がその代表例で、増殖した植物プランクトンがチッソの大部分を占める。この浮遊懸濁物（SS、Suspended Solidの略）には、植物プランクトンのような有機物のほか微細な土壌粒子などの無機物があり、リンや有機物が付着している。

懸濁物を多く含む水を田んぼに入れると、かなりの程度が沈殿・ろ過される。ろ過作用はイネなどの植物の水中に没した茎の部分のほか、糸状性の藻類がその役割を果たしている。沈殿やろ過は物理的作用であり、短時間で効果が現れる。

以上を整理すると、川に比べチッソやリンを懸濁物として含む比率が高い霞ヶ浦のような富栄養化した湖沼の水は、田んぼでより効率的に浄化できる、ということになる。実際にはどうなっただろう。

(3) 二四kgのチッソを除去

水の濁りの元となる植物プランクトンや土壌微粒子がどの程度含まれているかを、水の透明度で測る透視度計というガラス製の簡易な道具がある。これで測ると、試験地の田んぼに流入する水の透視度は二〇cm前後、SSは三〇mg／ℓ近い値があったが、試験地を通過した流出水の透視度は、農薬区で四〇cmにまで高まり、SSは一三mg／ℓに下がった。無農薬区では透視度が六〇cm、SSは一〇mg／ℓとなった（表7―2、図7―2）。無農薬区が農薬区よりろ過能力が高かったのは、イネ以外に生えている雑草や糸状性藻類のおかげだ（図7―3）。

図7－2　SSと透視度の関係（美浦試験地）

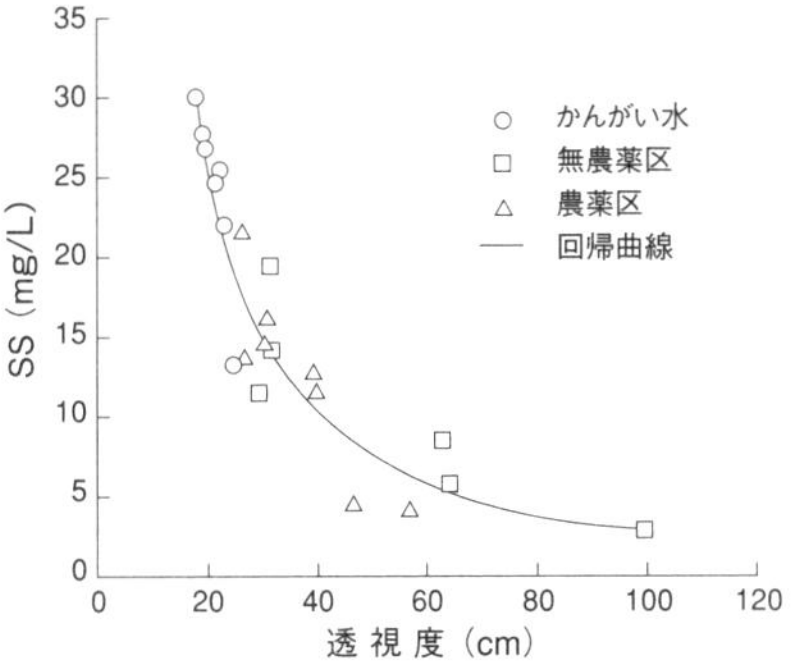

図7－3　水田でのSS除去率と滞留時間の関係
（香川県での岡本らによる試験）

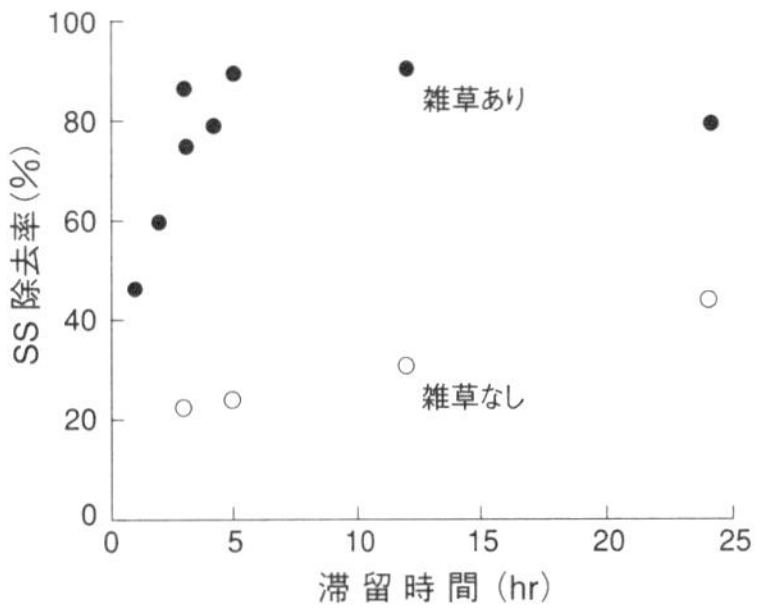

この表を見て気づくのは、かんがい水に含まれるカリの多さだ。カリはチッソ、リンと並ぶ肥料の三要素の一つとされ、重要視されているが、濃度は数mg／ℓのオーダーとかなり高い。

現在、全国平均でチッソ、リン、カリは一〇a（一反）あたり八kg、四kg、六kgが施肥されている。これに対し、今回かんがい水が供給した成分量はチッソが三・三kg、リン酸が〇・三三kg、カリが一三・二kgとなり（かんがい日数を一〇〇日、かんがい水量を水深にして一日三cmとし、これに今回の調査で得たそれぞれの平均濃度をかけて算出）、カリだけは十二分にまかなえる。むしろ多すぎるほどだ。しかも、このカリはほとんど溶存態なので、文字どおり液肥として与えているに等しい。カリをあらためて施肥する必要はないといえるだろう。

次に、収量結果について見てみよう。

(4) 五俵と六俵半

試験地の収量は、一〇aあたり無農薬区が約三〇〇kg（五俵）、農薬区が約四〇〇kg（六俵半）だった。

この年、ふつうに栽培した地主の田崎さんの収量は七俵半、四五〇kgだったので、六割五分、九割弱といった出来である。「まあまあよくできたかな……」というのが、素人にわか百姓の私の感想だ。無農薬で肥料も与えず、かんがい水だけで粗放的に育てた結果が、標準作柄の六割五分なら、まぁ満足してよいだろう。

無農薬区では、前述のようにクサネムやガマなど草丈の長いものは取り除き、コナギの

表7－3　イネの三要素吸収量（単位Kg、N、P、K／120日／10a）

	生重 N、P、K含有量	無農薬区	農薬区
玄米重		282	397
	N、P、K	2.63、0.80、0.60	3.77、1.15、0.90
ワラ		515	633
	N、P、K	2.13、0.46、4.15	2.28、0.50、4.38
もみがら		57	94
	N、P、K	0.14、0.03、0.14	0.23、0.05、0.23
合計	N、P、K	4.90、1.29、4.89	6.28、1.70、5.51

ような短いものはそのままにした。この作業に要した時間は一〇a一〇分くらい。それでも二週間に一度、ざっと田んぼを見渡して、目立った草を引き抜く程度だ一〇分くらい。これでも大変という方がいるかもしれない。であれば、田植えのあと一回だけ除草剤を使うやり方ではどうか。こちらはほとんど草取りらしい草取りはせず、それでもプロの九割近くを収穫できた。これなら許容できるだろうか。

なお、水質浄化の観点からいえば、収穫物に含まれる肥料成分も見ておく必要がある。表7—3は、ワラと玄米に分けたチッソ、リン、カリの三成分の含有量。このうち私たちが食べる玄米のみ、確実に田んぼから持ち出す量だとすれば（ワラは鋤き込んだり、燃やしたり、あるいは堆肥として再度もち込むことがある）、イネ全体の吸収量の半分以下だが、この量が水質浄化の一端を担っている。

(5)食味もまずまず

タンパク質や炭水化物、カロリーなどの品質は、田崎さんのコメも試験地のコメも同じだった。問題は食味だ。

そこで、穀物検定協会に食味分析を依頼した。結果は、総合得点では田崎さんのコメがわずかにまさったが、僅差で田崎さんのコメとわが農薬米が標準米（日本晴とコシヒカリのブレンド）より味がよく、無農薬米は標準米と同程度の食味だった。試験地でつくったのはコシヒカリだが、無農薬・無肥料、しかも背の低い雑草はそのまま残す粗放栽培でも、さすがに「育ちより氏」という品種の本領を発揮したというべきだろうか（表7—4）。

表7－4　食味試験結果（日本穀物検定協会）

試料名	外観	香り	味	粘り	硬さ			総合評価
					評価値	信頼評価	有意差	
無農薬	0.000	0.200	0.100	－0.500	0.150	±0.226	0	A'
農薬	0.000	0.350	0.400	－0.650	0.350	±0.226	＋	A
地主	0.150	0.450	0.200	－0.600	0.450	±0.226	＋	A

20人が±３点の範囲で評価した結果の平均値　（品種はいずれもコシヒカリ）

(6) 休耕田を多面的に活用する

霞ヶ浦畔での試験地でのコメつくりに一定の活路は見出しながら、一般的にいえば農薬使用の問題や水管理など、実際の田んぼを魚の理想のビオトープにするのはまだ簡単ではない。

では、何もつくらない休耕田は利用できないか。いまや減反面積は全水田の四割にも及ぶが、この休耕田をビオトープとして利用しない手はないというのが、私の考えだ。

休耕田なら、農薬も化学肥料もやらなくていいし、水管理も自由にできる。水質浄化を兼ねて有用な植物を栽培すれば、ビオトープとあわせ一石三鳥だ。有用植物としては、セリやクレソンといった水辺の食べられる野草もいいし、沖縄で見かけたミズイモや台湾で見かけたマコモは、どちらも田んぼで栽培されている。このほか、アヤメやカキツバタなどの花も目を楽しませてくれる。いろんな植物を自由に栽培して楽しめればよい。

田んぼで魚を釣る楽しみもある。

一九九二年の秋、一ヶ月の予定でマレーシア北部の水田地帯に水質調査に出かけたときのことだ。現地に到着してまもなく調査地区を見て回った帰り道、私たちの車が走る道路の左側に幅五～六ｍの水路があり、その向こうに水田が広がっていた。遠くにはヤシの木の屋敷林で囲まれた農家が点在していた（写真7―9）。

そんな風景の中、一人の女性が釣り竿をもって魚釣りをしていた。びっくりしたのは彼女が釣り糸を垂れていた場所で、何と水路ではなく田んぼのほうだったのだ。これを見ていたく感激した私は、確信した。日本でも田んぼで魚釣りを楽しんで悪くない！　その数年前から魚類保護に関心を持ち、農業水路が抱える問題などを考えていた私にとって、こ

写真7－9　マレーシアの田園風景

の女性はある種、啓示となった。

休耕田は環境保全に役立つさまざまな楽しい試みが可能な場所だと思う。これをもっとオープンに、たとえば「休耕田バンク」といった登録制度をつくって、さまざまに有効利用できればと願っている。

(7)ブランド米で新たな展開

田んぼで生き物を育てる試み、それとイナ作を両立させる取り組みは、すでにいろいろなところで動き出している。

宮城県でガンの保護活動を進める、日本雁を保護する会の呉地正行さんや岩渕成紀さんたちは、冬でも田んぼに水が張ってあれば越冬地として十分にその機能を果たせることを実証した。宮城県職員の三塚牧夫さんは、その餌をまかなうために、ドジョウが田んぼに登れる魚道を工夫した。

彼らの発想の原点はガンを守るということだが、そこから新たなコメづくりに挑戦するところがすごい。冬場に水をためると田んぼはどう変わるのか？　それによって、どんな米が生まれるのか？　といったことが熱心に議論されている。

前述の「魚のゆりかご水田プロジェクト」を担う琵琶湖のほとりの農家集団、技術者にも脱帽だ（写真7―10）。

いまどき、田んぼと水路一帯を水浸しにさせてくれる農家などそう簡単に見つからない。現場技術者の熱意とそれに応える農家の度量の広さが、魚と田んぼの新たな世界を開こうとしている。彼らが魚に託した未来への強い想いを感じずにはいられない。

写真7－10　田んぼで生き物を育て、あわせておコメもつくる「魚のゆりかご水田プロジェクト」が、琵琶湖のほとりの農家・技術者の人たちによって動きだした

そんな彼らの挑戦の現状報告が「冬・水・田んぼの米」であり、「魚のゆりかご水田米」という米のブランドになっている。このほかにも、千葉県佐原のMさんなど、個人で奮闘している農家も少なくないだろう。

生きものへのいたわりをバネに、安全・安心な米づくりをめざす彼らに、未来の日本農業を見る思いがする。

滋賀県は二〇〇四年、全国に先駆けて「環境こだわり農業実施協定」制度を発足させた。農薬や化学肥料を減らし、資源循環に貢献する農家や農家集団に対し、作物の認証とともに、経済的支援（環境農業直接支払い）を行なうものだ。

安全安心な食料は、結局のところ、みずからつくるしかないのではないか。いまこそ、生きものや環境を、そして国民の健康を、守る農業に真に転換すべきだ。

国をあげて環境保全的農業に取り組むべきときにきている。まさに、国家戦略としての環境農業なのだ。

あとがき

一九七〇年、当時私は大学に通う身だった。大阪で万国博覧会が開かれるなど、時代は高度経済成長の豊かさを謳歌していたが、同時に公害問題の深刻さがピークに達していた。のちに「公害国会」と呼ばれた国会が開かれ、公害防止のための法的な整備がなされた結果、人間の健康を直接害するような極端な障害は以降急速に解決に向かった。その代わりに、経済成長に伴う普遍的な問題として、たとえば湖沼の富栄養化が登場し、それまでの「公害の時代」から「環境の時代」と呼ばれるようになった。「公害」から「環境」に呼び方は変わったが、水については水質問題が解決すべき主要な課題であることに変わりはなかった。

一九八〇年代に入り、日本では「親水」という新しい言葉がもてはやされるようになり、新たな環境の時代が始まった感があった。しかし、当初は表面的な景観に重点が置かれ、生きものにまで理解が至らない、私からみれば、水辺としての自然性を欠いた、なんとも「不自然」な取り組みが少なくなかった。私は、農業土木という研究・技術分野にいて、専門とする水質環境や汚水処理研究を進めつつも、徐々に表面化しつつあった地域限定の「生きもの」の問題を拾い集めた。

この時期、私は自他共になかば道楽者と認め、ガラガラの球場外野席からひとり声を張り上げる快感を味わったものだ。

一九九〇年以降、社会の意識が変わり始めた。一九九五年に「生物多様性国家戦略」が出されてからの一〇年、農業・農村関連でも、「食料・農業・農村基本法」や「自然再生推進法」など、法律や事業制度が新たに整備され、同時に研究・技術の蓄積も急速に進みつつある。しかし、生きものを守るという、きわめて公益性の高い行為への公的な支援策が未整備のまま、いまに至っている。農家はなし崩し的に、無償の善意として保護の役割を背負わされてきた。生きものと環境を守る農業への真の転換を図ろうとするなら、その担い手である農家への支援が不可欠なのはいうまでもない。

本来の食料生産に加え、農業は、生物保全、防災、保健休養、気候緩和など、多様な役割を果たしてきている。私が所属する、独立行政法人 農業工学研究所（佐藤寛理事長）は、二〇〇四年、「農林業の持つ多面的機能」の評価額（水質汚濁負荷などのマイナス面も考慮）を、年間約三七兆円と発表した。

膨大な外部効果を生み出す農業、そして生きものと環境を守る農家への国民的理解がさらに進むことを願うばかりだ。

本書には、大勢の人々に登場していただいた。これらの方々には、さまざまな意味で大変お世話になった。ここに、あらためて深く感謝の意を表したい。登場していただいた方々に関わる部分の記述について、すべての責任が私にあるのはいうまでもない。外にも、多くの人々に恵まれて本書はできた。二〇年あまり前の一九八二年頃、財団法人 淡水魚保護協会理事長の木村英造さんとの出会いは、私が本気で魚類保護に取り組むきっかけとなった。あのユニークな機関誌「淡水魚」は、木村さんのまっすぐでオープン、かつフェアーな個性そのものだった。学生時代、部活の一年先輩だった、東京大学海洋研究所教授の西田睦さんは、困ったときの神頼み的存在だ。西田さんとは、一〇年に一度、それもすれ違い的に接触するくらいだが、私にとってはいまでも心強い先輩だ。魚のはなしを始めると、時間を忘れて熱中する八木下保さんは、私の大切な魚友達だ。職場の人々、学生のみなさん、友人、家族……。本書は、実に多くの人々のおかげでできあったことを、いまあらためて実感し、感謝している。最後に、後藤啓二郎さんには、一年にわたり編集者としてさまざまに支援していただいた。とりわけ、本書全体の構成は後藤さんの知恵に負うところが大きい。ここに記して深く謝意を表します。

端　憲二（はた　けんじ）

（独）農業工学研究所水工部長

1950年大阪市生まれ。京都大学大学院農学研究科博士課程修了。農学博士。79年、農水省農業土木試験場研究員となり、2003年から現職。筑波大学客員教授を併任。専門は農業土木学。農村地域の水質・生態環境について、工学的な視点から研究を進める。

著書に『農村環境整備の科学』（朝倉書店）、『地域環境工学概論』（農業土木学会）、『食と農を守る水田づくり』（農業土木学会）などがある（いずれも共著）

メダカはどのように危機を乗りこえるか
——田んぼに魚を登らせる——

2005年2月5日　第1刷発行

著者　端　憲二

発行所　社団法人　農山漁村文化協会
郵便番号　107-8668　東京都港区赤坂7丁目6−1
電　話　03（3585）1141（営業）　03（3585）1145（編集）
F A X　03（3589）1387　振替　00120-3-144478
U R L　http://www.ruralnet.or.jp/

ISBN4-540-04132-0　DTP制作／ニシ工芸（株）
〈検印廃止〉　印刷・製本／凸版印刷（株）

定価はカバーに表示
Printed in Japan
乱丁・落丁本はお取りかえいたします。